随园食单

〔清〕袁枚◎著

东篱子◎解译

全鉴

中国纺织出版社有限公司 | 国家一级出版社
全国百佳图书出版单位

内 容 提 要

《随园食单》，是清代著名文学家袁枚所著，是一部中国古代烹饪著作。袁枚一生著述颇丰。作为一位美食家，《随园食单》是其四十年美食实践的产物，以文言随笔的形式，细腻地描摹了乾隆年间江浙地区的饮食状况与烹饪技术，用大量的篇幅详细记述了中国 14 世纪至 18 世纪流行的 326 种南北菜肴饭点，也介绍了当时的美酒名茶。自问世以来，这部书长期被公认为厨者的经典，英、法、日等大语种均有译本。

图书在版编目（CIP）数据

随园食单全鉴 /（清）袁枚著；东篱子解译. —北京：中国纺织出版社有限公司，2020.6
ISBN 978-7-5180-7353-5

Ⅰ.①随… Ⅱ.①袁… ②东… Ⅲ.①烹饪－中国－清前期②食谱－中国－清前期③菜谱－中国－清前期
Ⅳ.① TS972.117

中国版本图书馆 CIP 数据核字（2020）第 071847 号

策划编辑：段子君　责任校对：王蕙莹　责任印制：储志伟

中国纺织出版社有限公司出版发行
地址：北京市朝阳区百子湾东里A407号楼　邮政编码：100124
销售电话：010—67004422　传真：010—87155801
http://www.c-textilep.com
中国纺织出版社天猫旗舰店
官方微博 http://weibo.com/2119887771
佳兴达印刷（天津）有限公司印刷　各地新华书店经销
2020年6月第1版第1次印刷
开本：710×1000　1/16　印张：20
字数：213千字　定价：48.00 元

前言

　　《随园食单》为清代乾隆年间名士袁枚所著，是一部系统论述中国烹饪技术和南北菜点的重要著作。

　　袁枚（1716—1797），清代诗人、诗论家。字子才，号简斋，晚年自号苍山居士，钱塘（今浙江杭州）人。袁枚是乾隆四年（1739年）进士，授翰林院庶吉士。历任溧水、江宁、上元等地知县，从政期间，由于关心民间疾苦，赢得了极好的声誉。在袁枚三十三岁那年，他父亲病故，便辞去官职，回家奉养母亲，从江宁购置了一处隋氏废园，改名"随园"，筑室定居，世称随园先生。自此，他就在这里过了近50年的闲适生活，从事诗文著述。《随园食单》便是其重要著作之一。

　　作者不仅是清朝中叶最有影响的诗人，也是一位对饮食文化情有独钟的美食家。《随园食单》是袁枚四十年美食实践的产物，书中记述了我国十八世纪中叶的300多种菜肴饭点，以及当时的美酒名茶。大至山珍海味，小至一粥一饭，都有备述。比如，对于烹饪之细节，怎么选材、怎么搭配、怎么调味、怎样火候等皆有所叙，无所不包。其对美食的体味，透彻分明，他认为菜好不好吃，先看原料，食材都选不好，就谈不上做好菜了；调味料也是如此"酱有清浓之分，油有荤素之别"；食材搭配方面，气味上要注意"清者配清，浓者配浓"等。

全书分为须知单、戒单、海鲜单、江鲜单、特牲单、杂牲单、羽族单、水族有鳞单、水族无鳞单、杂素单、小菜单、点心单、饭粥单和茶酒单十四个方面，以文言随笔的形式，细腻地描摹了乾隆年间江浙地区的饮食状况与烹饪方法。从中可以看出，中国几百年前的传统菜肴历史，其美食制作的艺术或方法，至今一直广为传承，实在是一本美食家的必读书，具有极强的实用性。

　　该书作为提高烹饪技术、研究传统菜点以及烹制方法的指导性史籍。自问世以来，长期被公认为烹饪美食的经典，被翻译有多国文字，如英、法、日等国均有译本。

　　为了普及和推广中国传统的美食文化，我们特地编撰了《随园食单全鉴》一书，本书在原文的基础上，进行逐条注释和翻译，对比较冷僻的字进行注音，并根据内容配插了多幅图片，使其图文并茂，轻松阅读，可谓是一本无障碍的阅读指南。

解译者

2019 年 12 月

序

诗人美周公而曰"笾豆有践"①，恶凡伯而曰"彼疏斯稗"②。古之于饮食也，若是重乎？他若《易》称"鼎烹"，《书》称"盐梅"，《乡党》《内则》琐琐言之。孟子虽贱"饮食之人"，而又言饥渴未能得饮食之正。可见凡事须求一是处，都非易言。《中庸》曰："人莫不饮食也，鲜能知味也。"《典论》曰："一世长者知居处，三世长者知服食。"古人进鬐离肺③，皆有法焉，未尝苟且。"子与人歌而善，必使反之，而后和之。"圣人于一艺之微，其善取于人也如是。

余雅慕此旨，每食于某氏而饱，必使家厨往彼灶觚④，执弟子之礼。四十年来，颇集众美。有学就者，有十分中得六七者，有仅得二三者，亦有竟失传者。余都问其方略，集而存之。虽不甚省记，亦载某家某味，以志景行。自觉好学之心，理宜如是。虽死法不足以限生厨，名手作书，亦多出入，未可专求之于故纸；然能率由旧章，终无大谬。临时治具，亦易指名。

或曰："人心不同，各如其面。子能必天下之口，皆子之口乎？"曰："执柯以伐柯，其则不远⑤。吾虽不能强天下之口与吾同嗜，而姑且推己及物；则食饮虽微，而吾于忠恕之道，则已尽矣。吾何憾哉！"若夫《说郛》所载饮食之书三十余种，眉公、笠翁^⑥，亦有陈言。曾亲试之，皆阏于鼻而蜇于口^⑦，大半陋儒附会^⑧，吾无取焉。

【注释】

①周公：姓姬名旦，是周文王第四子、武王的弟弟，我国西周著名的政治家、思想家，因其采邑在周，爵为上公，故称周公。笾豆有践：语出《诗经·豳风·伐柯》。笾（biān）豆，古代祭祀和宴会时常用的两种礼器，竹制为笾，木制为豆；践，陈列整齐。

②凡伯：皇室宗族、周幽王的权臣，为不学无术之类。彼疏斯稗：语出《诗经·大雅·召旻》。疏，粗米；稗（bài），指精米。

③鬐（qí）：通"鳍"，此指鱼或鱼翅。离肺：指宰割牛羊等祭品的肺叶。

④灶觚（gū）：灶口平地突出之处，此指厨房。

⑤执柯以伐柯，其则不远：《诗·豳风·伐柯》："伐柯伐柯，其则不远。"比喻遵循一定的准则。

⑥笠翁：即李渔，字笠翁、滴凡，号觉世稗官。清初剧作家。

⑦阏：阻塞，堵塞。蜇（zhē）：刺痛。

⑧陋儒：学识浅陋的儒生。

【译文】

诗人赞美周公说"美食器具，陈列有序"，以赞其治国有道，厌恶凡伯无德无能，说"粗食之人反吃细粮"。可见古人对饮食方面，是何等的重视。又如《周易》说到烹饪蒸煮之道，《尚书》说到的盐梅调味材料,《乡党》《内则》屡屡说到的饮食细节,累累众多。孟子虽然蔑视讲究吃喝之人,却又说饥不择食的人不知食之美味。由此可见,凡事都应该有一个实事求是的标准,不能轻易地下结论。《中庸》说:"人没有不饮食的,但很少有人能体会出饮食的真味。"《典论》说:"一代富贵的人家只知道盖屋住好房子,富有三代的人家才懂得穿衣吃饭。"

古人对于吃鱼及宰杀牛羊肝肺,都有一定的方法,从不敷衍马虎。"孔子与他人一起唱歌,如果那人唱得好,一定会请他再唱一遍,然后应和他。"孔圣人对于这等小事都能留心细察,虚心而善于吸取别人的长处,实在难能可贵。

我很敬慕这种精神,每在别人家品尝到美食之后,就安排家厨去后厨学艺求教。四十年来,广泛搜集了很多烹饪技法。其中,有的技法一学就会,有的只能掌握十之六七,有的仅仅略知二三,也有完全失传的。我都尽力去问

询和了解，并整理保存。虽然有些烹饪技法不太清楚，但也记下出自某家某菜的味道，以表仰慕。存有好学之心，是理所应当的。记录的方法虽然固定死板，但不足以完全限制名厨效仿，即使名家之作或许也有出入差错，所以不必全部拘泥于菜谱所记载的方法。但是如果能遵循书上步骤而行，应当不会犯荒谬的大错。临时置办酒席时，也有章可循。

有人说："人心不同，各有其面，哪能保证天下人的口味，都如同您口味一致呢？"我说："遵循一定的规矩，相差就不会远。我虽不能强求众人口味与我一致，却不妨把我喜欢的美食与别人分享。饮食虽属小事，但对于忠恕之道，我已尽了自己的心，就没有什么可遗憾的了。"至于《说郛》记载的三十多种饮食之书，陈继儒、李渔也有这类饮食方面的著述。我曾亲自尝试烹饪，味道都很难吃，大多是学识肤浅的书生牵强附会之作，本书并未选取。

一、须知单

【原典】

学问之道，先知而后行，饮食亦然。作《须知单》。

【译文】

学问的道理，在于先学习弄懂然后再实践行动，饮食也是这样。于此作《须知单》。

先天须知

【原典】

凡物各有先天，如人各有资禀①。人性下愚②，虽孔、孟教之，无益也；物性不良，虽易牙烹之③，亦无味也。指其大略：猪宜皮薄，不可腥臊；鸡宜骟嫩④，不可老稚；鲫鱼以扁身白肚为佳，乌背

者，必倔强于盘中⑤；鳗鱼以湖溪游泳为贵，江生者，必槎丫其骨节⑥；谷喂之鸭，其膘肥而白色⑦；变土之笋，其节少而甘鲜；同一火腿也，而好丑判若天渊；同一台鲞也⑧，而美恶分为冰炭；其他杂物，可以类推。大抵一席佳肴，司厨之功居其六，买办之功居其四。

【注释】

①资禀（bǐng）：天资、禀赋。

②下愚：愚蠢，太笨。

③易牙：春秋时代一位著名的厨师。

④骟（shàn）嫩：指阉割过的嫩鸡。

⑤倔强：僵硬。

⑥槎（chá）丫：错杂参差不齐的样子，此指像树枝的分叉。

⑦膘肥：肉膘肥实。

⑧台鲞（xiǎng）：浙江台州一带所产的鱼干。鲞，为剖开晾干的鱼干。

【译文】

凡事物都有各有自身的特点，好比人各有不同的天资禀性。一个太笨的人，就是孔子、孟子来教他，也没有什么成效；同样，如果食物本性不好，就是让春秋时期的名厨易牙来烹调，也做不成美味。食物的基本要点是：猪肉适宜皮薄，不能有腥臊味；鸡最好是阉割过的嫩鸡，不要太老或者太小；鲫鱼以身扁、肚白的为好，黑色背的鲫鱼，肉体僵硬，放在盘子中不好看；鳗鱼以生活在湖水、溪水中的为好，在江里生长的一定骨节多得如树杈。稻谷喂的鸭，其肉质白嫩而肥实。在沃土上长出的竹笋，其节少而且味道甘甜鲜美。同样一种火腿，好坏有天壤之别。同样产自浙江台州的剖开晒干的鱼，味道也好比冰和炭一样，相差极大。其他的食物可以依此类推。通常一桌好的菜肴，厨师手艺占六成之功，而采购人的水平占四成。

作料须知

【原典】

厨者之作料，如妇人之衣服首饰也。虽有天姿，虽善涂抹，而敝衣蓝缕①，西子亦难以为容②。善烹调者，酱用伏酱③，先尝甘否；油用香油，须审生熟；酒用酒酿，应去糟粕；醋用米醋，须求清冽④。

且酱有清浓之分，油有荤素之别，酒有酸甜之异，醋有陈新之殊，不可丝毫错误。其他葱、椒、姜、桂、糖、盐，虽用之不多，而俱宜选择上品。苏州店卖秋油⑤，有上、中、下三等。镇江醋颜色虽佳，味不甚酸，失醋之本旨矣。以板浦醋为第一⑥，浦口醋次之⑦。

【注释】

①蓝缕（lán lǚ）：同"褴褛"，指衣服破旧。

②西子：美女西施。

③伏酱：三伏天制作的酱及酱油。

④清冽（liè）：清爽，纯冽。

⑤秋油：指深秋酿成的酱油。

⑥板浦：今江苏灌云县板浦镇。

⑦浦口：今南京市浦口区。

【译文】

厨师使用的作料，犹如女人穿戴的衣服首饰。有的女子虽然貌若天仙，也善于涂脂抹粉，然而，如果穿得破破烂烂，即使西施也难以显示她的美。善于烹调的人，用酱要用夏日三伏天制作的酱，还需先亲自品尝其味道是否甜美；油用香油，要分辨是生油还是熟油；酒用发酵之米酒，要滤去糟粕；醋用米醋，要清爽纯冽。

而且，酱有清浓之分，油有荤素之别，酒有酸甜的差异，醋有陈新的区分，使用时不可有丝毫的差错。其他如葱、椒、姜、桂皮、糖、盐，即使用得不多，也要选用上好的材料。苏州店铺卖的酱油，有上、中、下三等。镇江醋颜色虽好，但酸味感不足，失去了醋的最重要特征。醋以板浦产的最好，浦口产的次之。

洗刷须知

【原典】

洗刷之法，燕窝去毛，海参去泥，鱼翅去沙，鹿筋去臊。肉有筋瓣，剔之则酥；鸭有肾臊，削之则净；鱼胆破，而全盘皆苦；鳗涎存①，而满碗多腥；韭删叶而白存，菜弃边而心出。《内则》②曰："鱼去乙，鳖去丑③。"此之谓也。谚云："若要鱼好吃，洗得白筋出。"亦此之谓也。

【注释】

①涎：黏液。

②《内则》：《礼记》的篇名。

③乙：此指鱼鳃骨，也有鱼肠之说。丑：动物的肛门，此指鳖窍。

【译文】

清洗食材须讲究方法：燕窝要去除残毛，海参要洗去泥沙，鱼翅要刷去沙子，鹿筋要去除腥臊味。猪肉上有筋瓣，用刀剔去后烹调出来就酥软。鸭肾臊味较重，削掉就干净了。鱼胆破了，整盘菜都发苦。鳗鱼身上的黏液不洗净，满碗都有腥味。韭菜去叶后留下白嫩的部分，白菜摘去边叶留下菜心。《礼记·内则》说："鱼要去掉腮骨，鳖要剪掉肛门"，就是这个道理。谚语说："如果要鱼好吃，就要洗得看见白筋。"也如同这个道理。

调剂须知

【原典】

调剂之法，相物而施①。有酒水兼用者，有专用酒不用水者，有专用水不用酒者；有盐、酱并用者，有专用清酱不用盐者，有用盐不用酱者；有物太腻②，要用油先炙者；有气太腥③，要用醋先喷者；有取鲜必用冰糖者；有以干燥为贵者，使其味入于内，煎炒之物是也；有以汤多为贵者，使其味溢于外，清浮之物是也。

【注释】

①相：依据，根据。施：施行，实施。

②腻（nì）：指食物的油脂过多。

③腥（xīng）：泛指肉类
鱼类及油脂的臭气味。

【译文】

调味的方法，根据不同
的菜而定。有的菜既要用酒
又要用水，有的菜专用酒不
用水，有的菜专用水却不用
酒；有的菜盐和酱油一起用，
有的专用清酱不用盐，有的
用盐而不用酱油。有的食物
太油腻，要用油先煎一下；
有的食物气味太腥，要用醋
先喷洒；有的菜为了保持它
的鲜美必须要用冰糖。有的
食物烧干一点好，能让味道
渗进食物里边，煎炒的东西
就是这样；有的菜以汤多为
好，能使它的味道融进汤中，
通常这些菜都是清爽而易浮
在汤上面的东西。

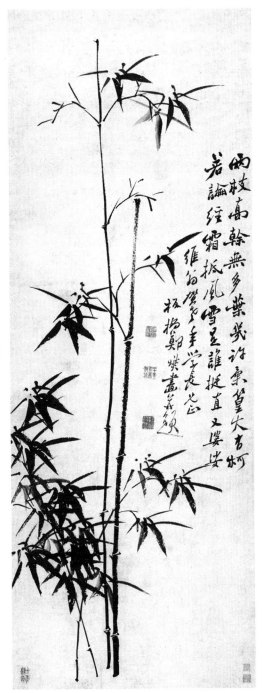

配搭须知

【原典】

谚曰："相女配夫^①。"《记》曰^②："儗人必于其伦^③。"烹调之法，何以异焉？凡一物烹成，必需辅佐。要使清者配清，浓者配浓，柔者配柔，刚者配刚，方有和合之妙。其中可荤可素者，蘑菇、鲜笋、冬瓜是也。可荤不可素者，葱、韭、茴香、新蒜是也。可素不可荤者，芹菜、百合、刀豆是也。常见人置蟹粉于燕窝之中，放百合于鸡、猪之肉，毋乃唐尧与苏峻对坐^④，不太悻乎^⑤？亦有交互见功者，炒荤菜用素油，炒素菜用荤油是也。

【注释】

①相女配夫：根据女儿的情况，选择女婿。

②《记》:《礼记》。

③儗（nǐ）人必于其伦：判定某人要与同类同辈的人相比。

④唐尧：传说中的尧帝。苏峻：西晋将领，后成为叛臣。

⑤悻（xìng）：任性，荒谬。

【译文】

谚语说："根据女人的条件来选择丈夫。"《礼记》上说："评定一个人，应该与他同类的人做比较。"烹调方法与这哪有什么不同呢？凡烹制一道理想的菜，必须要配用辅料。有些菜适宜清淡的，就要配清淡的辅料，有些菜适宜味浓的，就要配味浓的辅料，主菜柔软的，配料也要柔软，主菜刚烈的，配料就要刚烈，这样才能做出美味的佳肴。食材中，可以荤烧也可素烧的有蘑菇、鲜笋、冬瓜等。可荤不可素的是葱、韭、茴香、生蒜等。可素不可荤的有芹菜、百合、刀豆等。经常看见有人把蟹粉放入燕窝，把百合和鸡肉、猪肉同烹，这就好比圣贤明君与乱臣贼子对坐，荒谬之极。但也有荤素一同烹饪而味道美妙的，如炒荤菜用素油，炒素菜用荤油。

独用须知

【原典】

味太浓重者，只宜独用，不可搭配。如李赞皇、张江陵一流^①，须专用之，方尽其才。食物中，鳗也，鳖也，蟹也，鲥鱼也，牛羊也，皆宜独食，不可加搭配。何也？此数物者味甚厚，力量甚大，而流弊亦甚多^②，用五味调和，全力治之，方能取其长而去其弊。何暇舍其本题，别生枝节哉？金陵人好以海参配甲鱼，鱼翅配蟹粉，我见辄攒眉^③。觉甲鱼、蟹粉之味，海参、鱼翅分之而不足；海参、鱼翅之弊，甲鱼、蟹粉染之而有余。

随园食单全鉴

【注释】

①李赞皇：唐宪宗时宰相李绛。张江陵：明朝万历时期内阁首辅张居正。

②流弊：缺点，不足。

③辄（zhé）：总是，就。攒（cuán）：皱。

【译文】

味道太浓烈的食材，只适合单独使用，不可与其他食物搭配。如同李绛、张居正一类人，只有单独使用他们，才能充分发挥他们各自的才干。食物中，鳗鱼、鳖、蟹、鲥鱼、牛羊肉，都应单独食用，不可另配其他食物，为什么呢？因为这些食物的味道太重、力道很大，但缺点也不少，需要用五味调和，精心调制，才能得其美味，而去除不正的味道。哪里还顾得上舍弃它本来的特征而节外生枝呢？南京人喜欢用海参配甲鱼，鱼翅配蟹粉，我一见就会皱起眉头。总觉得甲鱼、蟹粉的味道被海参和鱼翅分掉了就会显得味道不足，而海参和鱼翅的缺点，甲鱼和蟹粉沾上就串味了。

火候须知

【原典】

　　熟物之法，最重火候。有须武火者[①]，煎炒是也，火弱则物疲矣[②]。有须文火者，煨煮是也，火猛则物枯矣。有先用武火而后用文火者，收汤之物是也；性急则皮焦而里不熟矣。有愈煮愈嫩者，腰子、鸡蛋之类是也。有略煮即不嫩者，鲜鱼、蚶蛤之类是也[③]。肉起迟则红色变黑，鱼起迟则活肉变死。屡开锅盖，则多沫而少香。火熄再烧，则无油而味失。道人以丹成九转为仙，儒家以无过、不及为中。司厨者，能知火候而谨伺之[④]，则几于道矣。鱼临食时，色白如玉，凝而不散者，活肉也；色白如粉，不相胶粘者，死肉也。明明鲜鱼，而使之不鲜，可恨已极。

【注释】

①武火：大火，旺火。

②疲：疲杳。

③蚶蛤（hān gé）：软体动物，生活在浅海泥沙中，肉食鲜美。

④谨：谨慎，小心。伺：掌控，把握。

烹调食物的要领，最重要的就是火候。有的须用旺火，如煎、炒等，火小的话食物就疲沓了。有的要用文火，如煨、煮等，火大的话食物就会被烧得干枯。有先用旺火而后用文火的，需要收汤汁的食物就是如此，性急的话，就会皮焦而里头的肉不熟。有些菜是越煮越嫩，如腰子、鸡蛋之类的食物。有些菜稍煮就会变老，如鲜鱼、蚶蛤之类。炒肉起锅迟了，肉就会由红色变黑；鱼起锅晚了，鱼肉就会由鲜活变成死肉。烹饪时多次揭开锅盖，就会沫多而香味少。中途熄火再次烧，就会走油而味失。道士炼丹讲究九转成仙，儒家把无过错、不过分奉为中庸。厨师了解火候而谨慎掌控，那就差不多掌握烹饪要领了。鱼上桌时，色白如玉，凝而不散，是鲜活的鱼；色白如粉，鱼肉散开，则是死鱼。明明是鲜鱼，却把它做成不鲜嫩的东西，可恨之极。

色臭须知

【原典】

目与鼻，口之邻也，亦口之媒介也。嘉肴到目、到鼻①，色臭便有不同②。或净若秋云，或艳如琥珀③，其芬芳之气，亦扑鼻而来，不必齿决之④，舌尝之，而后知其妙也。然求色艳不可用糖炒，求香不可用香料。一涉粉饰，便伤至味。

【注释】

①嘉肴：美味，好菜。

②色臭：颜色和味道。

③琥珀（hǔ pò）：一种晶莹透明的生物化石。

④齿决：用牙咬断。

【译文】

眼睛和鼻子，是嘴巴的近邻，也是为嘴巴传递信息的媒介。一道美味入眼、到鼻，其颜色和气味的感觉便有所不同。有的菜肴像秋云一样明净，有的菜肴颜色如琥珀一样艳丽，其芬芳气味扑鼻而来，不用牙咬和舌尝，就能知其美味。但是，要想使菜颜色鲜艳，就不要用糖炒，要想使菜做到菜味鲜香，就不能用香料提味。一味地刻意雕琢粉饰，就会伤及食材的本来味道。

迟速须知

【原典】

凡人请客，相约于三日之前，自有工夫平章百味①。若斗然客至，急需便餐；作客在外，行船落店，此何能取东海之水，救南池之焚乎？必须预备一种急就章之菜②，如炒鸡片、炒肉丝、炒虾米、豆腐及糟鱼、茶腿之类③，反能因速而见巧者，不可不知。

【注释】

①平章：商量处理。

②急就章：可以及时完成和应付。

③茶腿：火腿。

【译文】

一般人请客，预先在三天前就约好了，这样就有时间准备各样菜品。如果遇到客人突然而至，急需准备便饭；或客行在外，如乘船住店之类，又怎能用东海的水去救南海之火？所以必须预备一种应急的菜，如炒鸡片、炒肉丝、炒虾米、豆腐，以及糟鱼、火腿之类，凡能够在短时间备好上桌，还能巧妙展示出味道的菜式，厨师们不可不知道一些。

变换须知

【原典】

一物有一物之味，不可混而同之。犹如圣人设教^①，因才乐育，不拘一律。所谓君子成人之美也。今见俗厨，动以鸡、鸭、猪、鹅一汤同滚，遂令千手雷同，味同嚼蜡。吾恐鸡、猪、鹅、鸭有灵，必到枉死城中告状矣^②。善治菜者，须多设锅、灶、盂、钵之类，使一物各献一性^③，一碗各成一味。嗜者舌本应接不暇，自觉心花顿开。

【注释】

①设教：实施教化。

②枉死城：含冤而死的阴间之地。

③献：呈现。

【译文】

每样食材各有自己独特的味道，不能混同在一起。如同圣人教授学生，讲究因材施教、不拘一格。这就是所说的君子成人之美的做法。而今看见一些庸俗的厨师，动不动就把鸡、鸭、猪、鹅放在一锅同煮，如此做出来的菜大致雷同，味道如嚼蜡一般。我想，如果鸡、猪、鹅、鸭这些动物有灵的话，一定会到枉死城中去告状。会做菜的

人，应该多备锅、灶、盂、钵等器具，使每种食物呈现各自的特性，每碗各成一味。这样，喜欢美食的人，他的口舌能接连不断地享受到美味，自然会高兴得心花怒放。

器具须知

【原典】

古语云："美食不如美器。"斯语是也。然宣、成、嘉、万窑器太贵①，颇愁损伤，不如竟用御窑②，已觉雅丽。惟是宜碗者碗，宜盘者盘，宜大者大，宜小者小，参错其间，方觉生色。若板板于十碗八盘之说③，便嫌笨俗。大抵物贵者器宜大，物贱者器宜小。煎炒宜盘，汤羹宜碗，煎炒宜铁锅，煨煮宜砂罐。

【注释】

①宣、成、嘉、万：指明朝宣德、成化、嘉靖、万历四朝。

②竟：全部。御窑：官窑中的一种特殊类型，仅见于明清两代，产品专供御用。

③板板：铜铸的模子。后形容教条、呆板。

【译文】

古语说："讲究食物，必先讲究食器。"这句话说得很对。然而，明代宣德、成化、嘉靖、万历年间的瓷器太珍贵，使用起来让人担心磕碰受损，倒不如用官窑烧制的瓷器，已经很清雅漂亮了。只是该用碗的情况下就用碗，该用盘的情况下就用盘，该用大器具时就用大器具，该用小器具时就用小器具，各种器具错落有致地摆在席上，才会让佳肴添彩增色。如果教条呆板地局限于十碗八盘的说法来操办，就会显得又笨又俗。通常来说，珍贵的食物适宜用大容器，普通的食物适宜用小容器。煎炒的菜适合用盘，汤羹之类适合用碗，煎炒菜式宜用铁锅，煨煮炖汤宜用砂罐。

上菜须知

【原典】

上菜之法：盐者宜先，淡者宜后；浓者宜先，薄者宜后[1]；无汤者宜先，有汤者宜后。且天下原有五味[2]，不可以咸之一味概之。度客食饱，则脾困矣，须用辛辣以振动之；虑客酒多，则胃疲矣，须用酸甘以提醒之。

【注释】

①薄：味清，味淡。

②五味：酸、甜、苦、辣、咸五种味道。

【译文】

上菜的方法：咸味的先上，清淡的后上；味浓的先上，清爽的后上；无汤的先上，有汤的后上。并且天下的饮食原本就有五种味道，不可只注重一味而忽视其他。估计客人吃饱了，脾脏困乏了，要用辛辣之味的菜来调动食欲；考虑到客人酒喝多了，胃也疲惫了，就用酸甜的菜肴来提神醒酒。

时节须知

【原典】

夏日长而热，宰杀太早，则肉败矣。冬日短而寒，烹饪稍迟，则物生矣。冬宜食牛羊，移之于夏，非其时也。夏宜食干腊[1]，移之于冬，非其时也。辅佐之物，夏宜用芥末，冬宜用胡椒。当三伏天而得冬腌菜，贱物也，而竟成至宾矣。当秋凉时而得行鞭笋[2]，亦贱物也，而视若珍馐矣[3]。有先时而见好者，三月食鲥鱼是也。有后时而见好者，四月食芋艿是也。其他亦可类推。有过时而不可吃者，萝卜过时则心空，山笋过时则味苦，刀鲚过时则骨硬[4]。所谓四时之序，成功者退，精华已竭，褰裳去之也[5]。

【注释】

①干腊：指在寒冬腊月经腌制后加工而成的各种腊肉食品。

②行鞭笋：竹笋的一种，其生长特点具有向阳性。

③珍馐（xiū）：珍奇名贵的食物，亦指美色。

④刀鲚（jì）：即刀鱼，俗称长江刀鱼、毛花鱼、野毛鱼、梅鲚等。

⑤褰裳（qiān cháng）：撩起下裳。褰，提起，撩起。

【译文】

夏季白天长并且炎热，畜禽宰杀得太早，肉就会腐败变质。冬季白天短并且寒冷，烹饪稍微拖延，菜品容易因受冻而变得生硬。冬天适宜吃牛羊肉，如果移到夏天吃，就不合时宜。夏天适宜吃干腊的东西，如果移到冬天吃，也不合时宜。关于调料和辅料，夏季应当用芥末，冬季应当用胡椒。冬天腌的咸菜本不值钱，但在三伏天能吃到，也会如同珍宝。竹笋本来也不值钱，但在秋凉时节烹而食之，则会被看作是上等的好菜。有的东西早于季节食用，味道更好，如三月吃鲥鱼就是如此。也有晚于季节食用而味美的，像四月吃芋芳便是如此。其他也可类推。有些东西过了时节就不能

食用了，如萝卜过时就空心，山笋过时味就苦了，鲥鱼过时骨头就变硬了。这就是所说的四时有序，物品应随时节的变化而上市，时节一过，精华就没了，光彩也会随之失去。

多寡须知

【原典】

用贵物宜多，用贱物宜少。煎炒之物多，则火力不透，肉亦不松。故用肉不得过半斤，用鸡、鱼不得过六两①。或问：食之不足如何？曰：俟食毕后另炒可也②。以多为贵者，白煮肉，非二十斤以外，则淡而无味。粥亦然，非斗米则汁浆不厚，且须扣水③，水多物少，则味亦薄矣。

【注释】

①六两：古代十六两为一斤。

②俟（sì）：等待。

③扣：此指控制。

【译文】

烹饪时，贵重的原料应多放一些，便宜的原料应该少放一些。煎炒菜式，原料多了，火力达不到，肉质不酥松。因此，一盘炒菜，猪肉不能超过半斤，鸡肉、鱼肉不应超过六两。有人问："不够吃怎么办？"只需回答："等吃完后再另炒一盘就是了。"有的菜，必须数量多才好吃，如白煮肉，不是二十斤以上，就淡而无味。粥也是这样，没有斗米下锅，汤浆就不浓稠，而且要控制好水，水多米少，味道就会淡薄。

洁净须知

【原典】

切葱之刀，不可以切笋；捣椒之臼①，不可以捣粉。闻菜有抹布气者，由其布之不洁也；闻菜有砧板气者，由其板之不净也。"工欲善其事，必先利其器。"良厨先多磨刀，多换布，多刮板，多洗手，然后治菜。至于口吸之烟灰、头上之汗汁、灶上之蝇蚁、锅上之烟煤，一玷入菜中②，虽绝好烹庖，如西子蒙不洁③，人皆掩鼻而过之矣。

【注释】

①椒（jiāo）：指花椒、辣椒。臼（jiù）：中部下凹的舂米器具。

②玷：玷污，弄脏。

③西子：美女西施。蒙：沾染。

【译文】

切过葱的刀，不可再去切竹笋；捣椒的臼，不能再用来捣芝粉。闻到菜有抹布的气味，肯定是抹布不干净；闻到菜有菜板气味，肯定是菜板不干净。"工欲善其事，必先利其器。"优秀的厨师先讲究勤磨菜刀、勤换抹布、勤刮砧板、勤洗手，然后再讲究做菜。至于吸烟的烟灰、头上的汗水、灶上的蝇蚁、锅上的烟煤，一旦玷污了菜肴，即使烹饪出来最好的菜肴，也像西施脸上沾有污秽之物，人人都会掩鼻而过。

用纤须知

【原典】

俗名豆粉为纤者[①]，即拉船用纤也，须顾名思义。因治肉者要作团而不能合，要作羹而不能腻，故用粉以牵合之。煎炒之时，虑肉贴锅，必至焦老，故用粉以护持之。此纤义也。能解此义用纤，纤必恰当，否则乱用可笑，但觉一片糊涂。《汉制考》[②]：齐呼曲麸为媒，媒即纤矣。

【注释】

①纤：同"芡"，芡粉。

②《汉制考》：一本由南宋著名学者王应麟撰写的书籍。

【译文】

通常说的豆粉叫作"纤"，就是拉船用的纤绳，顾名思义，可以知道芡的作用。比如，制作肉团时不易黏合可以用芡，做汤的时候不想让汤显得油腻，可以用芡牵合使之黏稠。煎炒肉食，考虑到肉容易贴锅底，会变得焦老，因此可用芡粉来隔离它。这也是芡的用处。能理解这些道理而用芡粉，一定会用得恰当。否则，烹饪时乱用芡粉就会可笑，弄得一塌糊涂。古书《汉制考》上把曲麸叫作媒，媒就是现在所说的芡粉。

选用须知

【原典】

选用之法：小炒肉用后臀，做肉圆用前夹心①，煨肉用硬短勒②；炒鱼片用青鱼、季鱼③，做鱼松用鲩鱼④、鲤鱼。蒸鸡用雏鸡，煨鸡用骟鸡，取鸡汁用老鸡；鸡用雌才嫩，鸭用雄才肥；莼菜用头⑤，芹韭用根；皆一定之理。余可类推。

【注释】

①前夹心：猪的颈肩肉下方，肉质松软，皮薄易熟，肥瘦相间。

②硬短勒：猪肋条骨下的板状肉。

③季鱼：即鲫鱼。

④鲩鱼：即草鱼，生活在淡水中。

⑤莼菜（chún cài）：又名马蹄菜、湖菜等，性喜温暖，适宜于清水池生长，多产于浙江、江苏两省太湖流域和湖北省。

【译文】

选用食材的方法：小炒肉要用后臀尖上的肉，做肉丸要用前夹心的肉，煨炖的肉要用硬短肋骨下的肉。炒鱼片一般用青鱼、鲫鱼；做鱼松用草鱼、鲤鱼。蒸鸡用小母鸡，炖鸡用阉过的公鸡，炖鸡汤要用老母鸡；鸡用母的才嫩，鸭用公的才肥；莼菜用头上的嫩叶，芹菜、韭菜用根茎；这些都有一定的通论。其他食物选材的方法可依此类推。

疑似须知

【原典】

味要浓厚，不可油腻；味要清鲜，不可淡薄。此疑似之间①，差之毫厘，失以千里。浓厚者，取精多而糟粕去之谓也。若徒贪肥膩^②，不如专食猪油矣。清鲜者，真味出而俗尘无之谓也；若徒贪淡薄，则不如饮水矣。

【注释】

①疑似之间：既像又不像之间，指掌握的尺度。

②徒：仅仅，只是。

【译文】

食材味道要做得浓厚，不可油腻；味道要做得清鲜，不可淡薄。这个技巧如掌握得不好，往往"差之毫厘，失以千里"。所谓浓厚，就是多取精华而去掉糟粕。如果只是贪图肥腻，倒不如专吃猪油了。味道清鲜，就是做出来的菜能保持原汁原味而区别于一般的味道；如果一味贪恋清淡，那不如直接喝白开水罢了。

补救须知

【原典】

名手调羹，咸淡合宜，老嫩如式，原无需补救①。不得已为中人说法②，则调味者，宁淡毋咸，淡可加盐以救之，咸则不能使之再淡矣。烹鱼者，宁嫩毋老，嫩可加火候以补之，老则不能强之再嫩矣。此中消息③，于一切下作料时，静观火色，便可参详。

【注释】

①原：原本，本来。

②中人：指常人，一般人。

③消息：此指奥妙，诀窍。

【译文】

名厨高手做的菜肴，咸淡适中，老嫩恰到好处，本不需要谈论补救。但还是不得不对一般人说说补救之法，调味时，宁可选择清淡也不要做得太咸，淡可以加盐来补救，咸就不能使菜再淡了。烹鱼时，宁可嫩不可老，嫩了可以增加火候来补救，老了就不能再变嫩了。这当中的奥妙，在做菜下料时，仔细观察火候便可以明白。

本分须知

【原典】

满洲菜多烧煮，汉人菜多羹汤，童而习之，故擅长也。汉请满人，满请汉人，各用所长之菜，转觉入口新鲜，不失邯郸故步①。今人忘其本分，而要格外讨好。汉请满人用满菜，满请汉人用汉菜，反致依样葫芦，有名无实，画虎不成反类犬矣。秀才下场，专作自己文字，务极其工，自有遇合②。若逢一宗师而摹仿之，逢一主考而摹仿之，则掇皮无异③，终身不中矣。

【注释】

①邯郸故步：比喻一味地模仿别人。

②遇合：相遇而彼此投合，此指得到赏识。

③掇皮（duō pí）：拾到皮毛。掇，拾到。

【译文】

满人做菜大多是烧煮，汉人做菜大多为羹汤，他们从小就如此学习，因此各擅其长。汉人宴请满人，满人宴请汉人，各自都用擅长的菜肴招待客人，倒让人觉得入口新鲜，不会被人认为是邯郸学步。现在不少人忘了本分，刻意去讨好客人。汉人请满人时用满菜，满人请汉人时用汉菜，结果反让人觉得是依样画葫芦，有名无实，可谓是画虎不成反类犬了。秀才应试，专心写好自己的文章，竭尽全力达到工整精美，自会有人赏识。如果一味刻意模仿某位宗师的文章，或者刻意模仿逢迎某位考官的文章，那只能学到皮毛而已，终身都难以考中。

二、戒单

【原典】

为政者兴一利，不如除一弊。能除饮食之弊，则思过半矣。作《戒单》。

【译文】

为官当政，为百姓谋求一项利益功绩，不如除去某方面的一个弊端。如果能除去饮食上的弊端，那么对饮食之道就了解的差不多了，故作《戒单》。

戒外加油

【原典】

俗厨制菜，动熬猪油一锅，临上菜时，勺取而分浇之，以为肥腻。

甚至燕窝至清之物，亦复受此玷污①。而俗人不知，长吞大嚼②，以为得油水入腹。故知前生是饿鬼投来②。

【注释】

①玷污（diàn wū）：弄脏，污损。

②饿鬼：不断受饥渴折磨而不安的鬼魂。

【译文】

普通的厨师做菜，动不动就熬一锅猪油，到上菜时，用勺舀出分别浇在各种菜上，认为这是给菜增加油腻之味。甚至像燕窝这种极清淡的食物，也用此法，污损了原本的真味。而一般人不懂，狼吞虎咽，以为油水享受到了腹中。这些人就像是饿鬼投胎。

戒同锅熟

【原典】

同锅熟之弊，已载前"变换须知"一条中。

【译文】

食物同锅混煮的弊端，已在前面"变换须知"一条中陈述。

戒耳餐

【原典】

何谓耳餐？耳餐者，务名之谓也[1]。贪贵物之名，夸敬客之意，是以耳餐，非口餐也。不知豆腐得味，远胜燕窝。海菜不佳，不如蔬笋[2]。余尝谓鸡、猪、鱼、鸭豪杰之士也，各有本味，自成一家。海参、燕窝庸陋之人也，全无性情，寄人篱下。尝见某太守宴客，大碗如缸，白煮燕窝四两，丝毫无味，人争夸之。余笑曰："我辈来吃燕窝，非来贩燕窝也。"可贩不可吃，虽多奚为？若徒夸体面，不如碗中竟放明珠百粒，则价值万金矣。其如吃不得何？

【注释】

①务名：追求名声。

②蔬笋（shū sǔn）：蔬菜和笋。

【译文】

什么叫耳餐？耳餐，就是盲目追求菜品的名声。贪图菜肴的名贵，夸大敬客之意，这就是耳餐，不是真正可口的佳肴。这些人不知道豆腐烧得好，味道远胜过燕窝。海鲜烧得不好，还不如蔬菜和笋。我曾将鸡、猪、鱼、鸭称为菜中豪杰，它们各有本味，自成特色。而海参、燕窝则像平庸浅陋之人，全没有自己的特点，其味道如寄人篱下。我曾看到一位太守请客，用的碗像缸一样大，盛四两白煮燕窝，食之无味，客人还争相夸耀。我开玩笑说："我们是来吃燕窝的，不是来贩卖燕窝的。"数量多得可以贩卖但不好吃，即使多又有何用呢？如果只为虚夸体面，不如直接在碗中放入百粒明珠，那就价值万金了，管它能吃不能吃呢？

戒目食

【原典】

何谓目食？目食者，贪多之谓也。今人慕"食前方丈"之名①，多盘叠碗，是以目食，非口食也。不知名手写字，多则必有败笔；名人作诗，烦则必有累句②。极名厨之心力，一日之中所作好菜不过四五味耳，尚难拿准，况拉杂横陈乎？就使帮助多人，亦各有意见，全无纪律，愈多愈坏。余尝过一商家，上菜三撤席，点心十六道，共算食品将至四十余种。主人自觉欣欣得意，而我散席还家，仍煮粥充饥。可想见其席之丰而不洁矣。南朝孔琳之曰③："今人好用多品，适口之外，皆为悦目之资。"余以为肴馔横陈，熏蒸腥秽，口亦无可悦也。

【注释】

①食前方丈：吃饭时面前一丈见方的地方摆满了食物。形容吃的阔气。

②累句：病句。

③孔琳之：字彦琳，南朝文学家、书法家，会稽山阴人。

【译文】

什么叫目食？所谓目食就是贪图菜多。现在有人仰慕用餐丰盛奢华的虚名，盘子和碗重重叠

叠，这是给眼睛吃的，不是给口吃的。这些人不知道名家写字，写得多了一定有病句；名人作诗，作多了也会有病句。有名的厨师即使竭尽心力，一日之内能做出四五味上等的菜品，已很不易，何况要应付乱七八糟的酒席呢？即使帮厨的人多，也是各有见解，没有统一规则，反而人越多越糟。我曾到过一个商人家参加宴席，上的菜竟换了三次席，点心十六道，食品共计四十多种。主人自我感觉颇为良好，而我结束宴席回家后，还得煮粥充饥。可见那席菜虽然丰盛却品味不高。南朝孔琳说过："现在的人讲究菜式多样，可很少有几样好吃的，大多都是用来饱眼福的。"我认为菜肴如果胡乱地摆放，被腥气秽污熏蒸，那么肯定享受不了口福而大扫兴致。

戒穿凿

【原典】

物有本性，不可穿凿为之[1]，自成小巧，即如燕窝佳矣，何必捶以为团？海参可矣，何必熬之为酱？西瓜被切，略迟不鲜，竟有制以为糕者。苹果太熟，上口不脆，竟有蒸之以为脯者[2]。他如《尊生八笺》之秋藤饼[3]，李笠翁之玉兰糕[4]，都是矫揉造作，以杞柳为杯棬[5]，全失大方。譬如庸德庸行，做到家便是圣人，何必索隐行怪乎[6]？

【注释】

①穿凿：牵强附会。

②脯：肉干或果干。

③《尊生八笺》：明代高濂撰写的养生专著。

④李笠翁：李渔，初名仙侣，后改名渔，字谪凡，号笠翁。明末清初文学家、戏剧家、美学家。

⑤杞柳：杨柳。杯棬（quān）：柳棬。棬，一种木质做的饮器。

⑥索隐行怪：求索隐暗之事，而行怪迂之道。意指身居隐逸的地方，行为怪异，以求名声。

【译文】

　　凡食物都有自己的本性，不可以牵强附会来行事。顺其自然方能巧致，天生小巧的食物，如燕窝本身就是佳品，何必再捶碎做成团？海参本也不错，何必要把它熬成酱？西瓜被切开后，时间略长的话就不新鲜，竟然还有人把西瓜做成糕的。苹果太熟了，吃起来就不脆了，竟然还有人把它蒸煮做成果脯。其他像《尊生八笺》的秋藤饼、李笠翁的玉兰糕，都太娇揉造作，就像用杞柳枝编成杯子，全然失去其自然大方的本性。好比日常的小事，都能做好了，便可算作圣人，何必故作高深而古怪行事呢？

戒停顿

【原典】

物味取鲜，全在起锅时极锋而试[1]，略为停顿，便如霉过衣裳，虽锦绣绮罗，亦晦闷而旧气可憎矣。尝见性急主人，每摆菜必一齐搬出。于是厨人将一席之菜，都放蒸笼中，候主人催取，通行齐上。此中尚得有佳味哉？在善烹饪者，一盘一碗，费尽心思；在吃者，鲁莽暴戾，囫囵吞下，真所谓得哀家梨[2]，仍复蒸食者矣。余到粤东，食杨兰坡明府鳝羹而美[3]，访其故，曰："不过现杀现烹，现熟现吃，不停顿而已。"他物皆可类推。

【注释】

①极锋而试：刀剑锋利时用之，比喻趁有利时机行动。

②哀家梨：相传汉代秣陵人哀仲

所种之梨，果大而味美，当时人称为"哀家梨"。此喻愚人不辩滋味，得好梨仍蒸食之。

③明府："明府君"的略称。汉人用为对太守的尊称，唐以后多用以专称县令。

食物的味道要鲜美，全在起锅后及时品尝。稍微停顿时间长了，就像是霉变的旧衣服，即使是绫罗绸缎，也有一股讨厌的味道。我曾遇到过性急的主人，每次摆菜一定将所有菜一齐摆上。于是厨师只好将一桌菜全部放在蒸笼中，等候主人催取，然后一齐端上。这样的菜难道还会有好味道吗？善于烹饪的人，一盘一碗，都是费尽心思；而到了食客那里，粗暴鲁莽，囫囵吞枣，就好比得到新鲜美味的梨子，却非得要蒸熟吃。我到广东东部，吃到杨县令家做的鳝鱼羹美味，我向他打听这菜味美的原因，他回答："不过是现杀现烹，现做现吃，不停顿罢了。"其他食物其实都可依此类推。

戒暴殄

【原典】

暴者不恤人功，殄者不惜物力。鸡、鱼、鹅、鸭自首至尾，俱有味存，不必少取多弃也。尝见烹甲鱼者，专取其裙而不知味在肉中①；

蒸鲥鱼者，专取其肚而不知鲜在背上。至贱莫如腌蛋，其佳处虽在黄不在白，然全去其白而专取其黄，则食者亦觉索然矣。且予为此言，并非俗人惜福之谓，假使暴殄而有益于饮食，犹之可也。暴殄而反累于饮食，又何苦为之？至于烈炭以炙活鹅之掌，剸刀以取生鸡之肝②，皆君子所不为也。何也？物为人用，使之死可也，使之求死不得不可也。

【注释】

①裙：此指鳖裙，即鳖甲四周的肉质软边，味道鲜美。

②剸（tuán）刀：割刀，宰杀动物的刀具。

【译文】

暴虐者不体恤人力花费的工夫，糟践者不珍惜物力的消耗。鸡、鱼、鹅、鸭，从头到尾，都有其独特的味道，不应该少取而多弃。我曾见到有人烹制甲鱼，专取甲鱼的裙边而不知道味在肉中；蒸鲥鱼时，专吃鱼腹而不知鱼的鲜味就在其背上。最平常的如腌蛋，它最好的地方是在蛋黄而不是蛋白，但如果把蛋白都去掉而专吃蛋黄，则吃的人也会索然无味。要知道，我这样说，并非一般人只为了省材料而不顾美味的说法，假使糟蹋、浪费而有益于菜品，倒是可取。但如果浪费材料，又影响菜品，这又何苦呢？至于用烧旺的炭火去烤鲜活的鹅掌，用刀来取鲜活的鸡肝，都是君子所不忍心做的。为什么？虽然家畜动物是给人食用的，宰杀它也是必要的，但让它求死不得却是不应该的。

戒纵酒

【原典】

事之是非，惟醒人能知之；味之美恶，亦惟醒人能知之。伊尹曰[①]："味之精微，口不能言也。"口且不能言，岂有呼呶酗酒之人[②]，能知味者乎？往往见拇战之徒[③]，啖佳菜如啖木屑，心不存焉。所谓惟酒是务，焉知其余，而治味之道扫地矣。万不得已，先于正席尝菜之味，后于撤席逞酒之能，庶乎其两可也。

【注释】

①伊尹：商朝初年著名政治家、思想家，已知最早的道家人物之一，被尊为中华厨祖。

②呼呶（náo）：大声喧闹。

③拇战：酒令的一种，也叫

划拳。因划拳时常用拇指，故称。

事物的是非曲直，只有头脑清醒的人才能知道；味道的好坏，也只有头脑清醒的人才能进行品点。伊尹说："菜的味道精细微妙，是难以用语言来表达的。"清醒的人都难以用语言说清楚，难道那些呼号喧闹、醉酒之徒，能品尝出菜的味道来吗？常常见到一些席上划拳的人吃好菜如嚼木屑一样，心并不在菜上。他们一心在酒，其余根本不知，烹饪出来的好菜就这样被糟蹋了。万不得已，需要喝酒时，不如先在正席时品尝菜肴美味，在撤席后再逞能喝酒，这样或许能够两全其美。

戒火锅

【原典】

冬日宴客，惯用火锅，对客喧腾①，已属可厌；且各菜之味，有一定火候，宜文宜武，宜撤宜添，瞬息难差②。今一例以火逼之，其味尚可问哉？近人用烧酒代炭，以为得计④，而不知物经多滚总能变味。或问：菜冷奈何？曰：以起锅滚热之菜，不使客登时食尽，而尚能留之以至于冷，则其味之恶劣可知矣。

【注释】

①喧腾：此指火锅热气沸腾。

②难：难以，不能。差：差错，过失。

③遍之：此指乱炖。

④计：方法，办法。

【译文】

冬天请客吃饭，大都习惯用火锅，滚烫的火锅对着客人热气腾腾，已经令人生厌；况且各种菜品不同，虽然都需要一定火候，但有的适宜文火，有的适宜旺火，该撤火时要撤火，该添火时要添火，一点差错也不能出现。现在统统用火锅来乱煮，这样菜的味道还用得着问吗？最近有人用烧酒代替炭，以为找到了好办法，却不知道食物经过多次沸煮就会变味。有人问："菜冷了怎么办？"我说："已起锅滚热的菜，客人没有立刻吃完，留着等冷掉了，那么这个菜的味道差也是可想而知的。"

戒强让

【原典】

治具宴客，礼也。然一看既上，理直凭客举箸，精肥整碎，各有所好，听从客便，方是道理，何必强让之？常见主人以箸夹取①，堆置客前，污盘没碗，令人生厌。须知客非无手无目之人，又非儿童、新妇，怕羞忍饿，何必以村姬小家子之见解待之②？其慢客也至矣！近日倡家③，尤多此种恶习，以箸取菜，硬入人口，有类强奸，殊为可恶。长安有甚好请客，而菜不佳者，一客问曰："我与君算相好乎？"主人曰："相好！"客跽而请曰④："果然相好，我有所求，必允许而后起。"主人惊问"何求？"曰："此后君家宴客，求免见招。"合坐为之大笑。

【译文】

设宴款待客人，是一种礼仪。然而，菜既然上桌，就理应让客人随便举起筷子选择，肥瘦整碎，各人有所偏好，尊随其便才是最好的待客之道，何必强劝客人？常见主人用筷夹取菜肴，堆放在客人面前，弄脏了盘子装满了碗，令人生厌。须知客人并不是无手无眼的人，也不是儿童、新媳妇，因害羞而忍受饥饿，何必用村妇乡民之俗来对待客人？其实这才是极度地怠慢客人！近来妓院这种恶习特别严重，用筷子夹菜硬塞进别人口中，类似于强奸，特别可恶。长安有一个人特别好请客，但菜品并不好。一客人问："我与您算是好友吧？"主人说："当然是好友！"客人便跪下来请求说："如果真是好朋友，我有一个请求，您答应后我才起来。"主人惊问："什么请求？"客人答："以后您家请客，请求你千万不要叫我。"在座的人听了都大笑不已。

戒走油

【原典】

凡鱼、肉、鸡、鸭虽极肥之物，总要使其油在肉中，不落汤中，其味方存而不散。若肉中之油，半落汤中，则汤中之味反在肉外矣。推原其病有三：一误于火太猛，滚急水干，重番加水；一误于火势忽停，既断复续；一病在于太要相度①，屡起锅盖，则油必走②。

【注释】

①太要相度：急于观察。
②走：走失，失散。

【译文】

　　凡鱼、肉、鸡、鸭虽然都是肥美的食物，但必须使它们的油脂保留在肉中，不让其外溢到汤里，才能保持它们的味道不散失。如果肉中的油一半融解于汤中，那么汤的味道反而不如肉。推

究出现这种结果的原因有三种：一是火力太猛，煮得太快水干了，重新多次加水；二是火势突然停熄，断火后再次火烧；三是急于想看锅里的肉是否煮好，多次揭开锅盖，令油香走失。

戒落套

【原典】

　　唐诗最佳，而五言八韵之试帖①，名家不选，何也？以其落套故也。诗尚如此，食亦宜然。今官场之菜，名号有十六碟、八簋、四点心之称②，有满汉席之称，有八小吃之称，有十大菜之称，种种俗名皆恶厨陋习。只可用之于新亲上门，上司入境，以此敷衍；配上椅披桌裙，插屏香案③，三揖百拜方称。若家居欢宴，文酒开筵④，安可

用此恶套哉？必须盘碗参差，整散杂进，方有名贵之气象。余家寿筵婚席，动至五六桌者，传唤外厨，亦不免落套，然训练之卒，范我驰驱者⑤，其味亦终竟不同。

【注释】

①试帖：即试帖诗，起源于唐代，是中国封建时代的一种诗体，常用于科举考试。也叫"赋得体"。

②簋（guǐ）：古代盛食物的器皿，也可用来盛放祭品，圆形，双耳，流行于商朝至东周。

③插屏：为中国传统工艺美术品，常用于几案上的一种摆设。

④文酒：谓饮酒赋诗。出自《梁书·江革传》："优游闲放，以文酒自娱。"

⑤驰驱：此指行事、行动之意。

【译文】

唐诗最好，但五言八韵的试帖诗，名家也不选，为什么？因为它太落俗套。诗尚且如此，食物也是一样。现今官场的菜，名称有"十六碟""八簋""四点心"的说法，有"满汉全席"的说法，有"八小吃"的说法，有"十大菜"的说法，这些种种庸俗的名称，都出于低劣的厨师的陋习。他们只能把这些用在新亲上门、上司到来时而敷衍；再配上椅披桌帏，插上屏风，摆上香案，不断拱手作揖下拜才相称。如果是举办家庭欢宴，赋诗饮酒，怎么能用这种恶习俗套？只有盘碗交错地摆放，整散交替地上，才有名贵的景象。我家的寿筵婚

席，动不动就有五六桌，从外面请厨师来做，也就难免落入俗套。但是经我训练过的人，按照我的意思而行，做出来的菜的味道终究不一样。

戒混浊

【原典】

混浊者，并非浓厚之谓。同一汤也，望去非黑非白，如缸中搅浑之水。同一卤也，食之不清不腻，如染缸倒出之浆。此种色味令人难耐。救之之法，总在洗净本身，善加作料，伺察水火①，体验酸咸，不使食者舌上有隔皮隔膜之嫌。庾子山论文云②："索索无真气③，昏昏有俗心④。"是即混浊之谓也。

【注释】

①伺察：观察，观测。

②庾子山：庾信，字子山，南北朝时期文学家、诗人。

③索索：冷漠，无生气的样子。

④昏昏：糊涂，迷乱的样子。

【译文】

混浊，与浓厚不同。如一锅汤，看上去不黑不白，如同缸中搅浑的水；如一碗卤，吃时觉得不清不腻，如同染缸倒出的浆水。这种菜的颜色和味道令人难以忍受。补救的办法在于把食物洗净，精心地加些调料，一边观察火候，一边品尝酸咸，不让吃的人舌头上有隔皮隔膜的感觉。庾信在他的文章中说："索索无真气，昏昏有俗心。"说的就是这种混浊不堪的感觉。

戒苟且

【原典】

凡事不宜苟且，而于饮食尤甚。厨者，皆小人下材，一日不加赏罚，则一日必生怠玩。火齐未到而姑且下咽①，则明日之菜必更加生。真味已失而含忍不言，则下次之羹必加草率。且又不止空赏空罚而已也。其佳者，必指示其所以能佳之由；其劣者，必寻求其所以致劣之故。咸淡必适其中，不可丝毫加减，久暂必得其当，不可任意登盘②。厨者偷安，吃者随便，皆饮食之大弊。审问、慎思、明辨，为学之方也；随时指点，教学相长，作师之道也。于是味何独不然？

【注释】

①火齐：火候。

②登盘：上盘。

【译文】

　　凡事不能马马虎虎地凑合，饮食更是如此。厨师，多是地位较低下的人，如果一日不给予严加赏罚，则一日必定会产生懒惰贪玩之念。菜的火候不到而将就下咽，那么，明天的菜烧得必定更加生硬。菜没有烧好而隐忍不说，下次做的羹汤会更加草率。而且不能让赏罚成为空谈。做得好的，一定要指出他们做得好的缘由；做得差的，一定要寻找出烹饪不当的原因。菜的咸淡要适宜，不能有丝毫增加或减少，制作时间和火候大小一定要得当，不可随意出菜上盘。厨师为了方便而偷懒，吃的人随便而不讲究，都是饮食的大忌。审查询问、谨慎思考、明确分辨，是学习的方法；随时加以指点，做到教学相长，也是做老师的责任。那么，对于烹调又何尝不是这样呢？

三、海鲜单

【原典】

古八珍并无海鲜之说。今世俗尚之，不得不吾从众。作《海鲜单》。

【译文】

古代八珍里并没有海鲜。现如今大众都喜欢海鲜，我也不得不从众。于是作《海鲜单》。

燕窝

【原典】

燕窝贵物，原不轻用。如用之，每碗必须二两，先用天泉滚水泡之①，将银针挑去黑丝。用嫩鸡汤、好火腿汤、新蘑菇三样汤滚之，看燕窝变成玉色为度②。此物至清，不可以油腻杂之；此物至文③，不可以武物串之④。今人用肉丝、鸡丝杂之，是吃鸡丝、肉丝，非吃燕窝也。且徒务其名，往往以三钱生燕窝盖碗面，如白发数茎，使客一撩不见，空剩粗物满碗。真乞儿卖富，反露贫相。不得已，则蘑菇丝、笋尖丝、鲫鱼肚、野鸡嫩片尚可用也。余到粤东⑤，阳明府冬瓜燕窝甚佳，以柔配柔，以清入清，重用鸡汁、蘑菇汁而已。燕窝皆作玉色，不纯白也。或打作团，或敲成面，俱属穿凿。

【译文】

燕窝是珍贵之物，原本不轻易使用。如果使用，一碗必须二两，先用天然泉水煮沸浸泡，用银针挑去黑丝。再用嫩鸡汤、上好的火腿汤、新蘑菇汤这三样食物和燕窝一起滚烧，以看到燕窝变成玉色为标准。这种食物极其清淡，不可以和油腻的东西混杂在一起；燕窝柔润雅致，也不可以和质地较硬的食物配在一起。如今有人用肉丝、鸡丝一同煮，这是吃鸡丝和肉丝，而不是吃燕窝了。而且只是徒然追求燕窝的名声，往往用三钱生燕窝盖一碗面，燕窝如同几根白发，食客

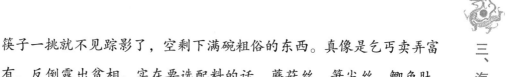

筷子一挑就不见踪影了，空剩下满碗粗俗的东西。真像是乞丐卖弄富有，反倒露出贫相。实在要选配料的话，蘑菇丝、笋尖丝、鲫鱼肚、嫩野鸡片还可使用。我曾经到广东东部地区，杨明府家做的冬瓜燕窝特别好，以柔配柔，以清入清，只是多用鸡汁、蘑菇汁罢了。上好的燕窝全身都是玉色，并非纯白。有的人把燕窝打成一团，或敲成面条一样，都属于牵强附会的做法。

海参三法

【原典】

海参无味之物，沙多气腥，最难讨好。然天性浓重，断不可以清汤煨也。须检小刺参①，先泡去沙泥，用肉汤滚泡三次，然后以鸡、肉两汁红煨极烂。辅佐则用香蕈②、木耳，以其色黑相似也。大抵明日请客，则先一日要煨，海参才烂。尝见钱观察家③，夏日用芥末、鸡汁拌冷海参丝，甚佳。或切小碎丁，用笋丁、香蕈丁入鸡汤煨作羹。蒋侍郎家用豆腐皮④、鸡腿、蘑菇煨海参，亦佳。

【注释】

①小刺参：海参的一种，由于其表皮角质层较薄，发制后无脱皮现象。

②香蕈（xùn）：又叫香菇、花菇。

③观察：清代对道员的尊称。

④侍郎：为中国官制名称，一般来说，创建于汉代，并被沿用到20世纪初。

【译文】

海参是无味之物，泥沙多又有腥味，最难做出可口的美味。由于其天生腥味浓重，切记不要用清汤来煮它。必须选小刺参，先浸泡去掉沙泥，用肉汤滚泡三次，然后用鸡汤、肉汤红烧到极烂。辅料可用香菇、木耳来配，因为它们都是相似的黑色。一般情况下，如果次日请客，就提前一天煨煮，海参才会软烂。我曾见到钱观察家的烹饪之法，夏天用芥末、鸡汁拌冷海参丝，味道极好。或切成小碎丁，用笋丁、香菇丁放入鸡汤煨成羹。蒋侍郎家用豆腐皮、鸡腿、蘑菇煨海参，味道也很美。

鱼翅二法

【原典】

鱼翅难烂，须煮两日，才能摧刚为柔。用有二法：一用好火腿、好鸡汤，如鲜笋、冰糖钱许煨烂，此一法也；一纯用鸡汤串细萝卜丝，拆碎鳞翅搀和其中，飘浮碗面，令食者不能辨其为萝卜丝、为鱼翅，此又一法也。用火腿者，汤宜少；用萝卜丝者，汤宜多。总以融洽柔腻为佳。若海参触鼻^①，鱼翅跳盘^②，便成笑话。吴道士家做鱼翅，不用下鳞^③，单用上半原根，亦有风味。萝卜丝须出水二次，其臭才去。尝在郭耕礼家吃鱼翅炒菜，妙绝！惜未传其方法。

【注释】

①海参触鼻：指海参未发泡浸透，食用时坚硬而刺鼻。

②跳盘：指落到盘外。

③下鳞：鱼翅的下半部。

【译文】

鱼翅很难煮烂，要煮两天，才能将其化坚硬为柔软的菜肴。其做法有两种：一是用好火腿、好鸡汤，加鲜笋、冰糖一钱左右煮烂，这是一种方法。另用纯鸡汤串细萝卜丝，拆碎鱼翅加入里面，细丝漂浮在汤面，使吃客不能辨别是细萝卜丝还是鱼翅，这是又一种做法。如果用火腿的话，汤要少一点；用萝卜丝的话，汤要多一点。总之要令鱼翅软腻融合才好。假如做的海参生硬而刺

鼻尖，鱼翅因生硬夹落盘外，那就闹笑话了。吴道士家做鱼翅，不用鱼翅下面的一半，单用其上半段，风味也好。萝卜丝要过两次水，才能去掉异味。我曾在郭耕礼家吃鱼翅炒菜，味道真是妙绝了！可惜没有学到他的传授方法。

鳆鱼

【原典】

鳆鱼炒薄片甚佳①，杨中丞家削片入鸡汤豆腐中②，号称"鳆鱼豆腐"；上加陈糟油浇之③。庄太守用大块鳆鱼煨整鸭，亦别有风趣。但其性坚，终不能齿决④。火偎三日，才拆得碎。

【注释】

①鳆鱼：又名鲍鱼，其肉质细腻，味道鲜美，是一种高蛋白低脂肪的食物。

②中丞：官名。汉代御史大夫下设两丞，一称御史丞，一称御史中丞。明清时用作巡抚的别称。

③陈糟油：是指在酒浆里加上配料，经过入缸封藏而做成的一种美味的调味品。

④齿决：用牙齿咬断。

【译文】

鲍鱼炒薄片是极佳的美味，杨中丞家把鲍鱼削成片放入鸡汤豆腐中，号称"鲍鱼豆腐"。上面还浇上陈年糟油。庄太守用大块鲍鱼煨整鸭，也别有风味。但鲍鱼肉质坚硬，单靠牙齿难以咬动。需要用火煨三天，才能炖熟煮烂。

淡菜

【原典】

淡菜煨肉加汤[1]，颇鲜，取肉去心，酒炒亦可。

【注释】

①淡菜：即贻贝，是一种海鲜品，可以蒸、煮食之。

【译文】

用淡菜煨肉加些汤，很有鲜味，或者将肉与去掉内脏的淡菜放在一起用酒炒，也很好。

海蝘

【原典】

海蝘^①，宁波小鱼也，味同虾米，以之蒸蛋甚佳，作小菜亦可。

【注释】

①海蝘（yǎn）：一种小鱼。

【译文】

海蝘是宁波的一种小鱼，味道与虾米基本相同，用它来蒸蛋很好，当小菜也行。

乌鱼蛋

【原典】

乌鱼蛋最鲜^①，最难服事^②。须河水滚透，撇沙去臊，再加鸡汤、蘑菇爆烂。龚云若司马家制之最精^③。

【注释】

①乌鱼：乌贼，墨鱼。

②服事：处理。

③司马：古代职官名称。

【译文】

乌鱼蛋的味道最鲜美，也最难制作。必须用河水烧开煮透，才能洗掉沙砾，除掉臊味，再加鸡汤、蘑菇煨烂。司马龚云若家的这道菜做得最精妙。

江瑶柱

【原典】

江瑶柱出宁波①，治法与蚶、蛏同。其鲜脆在柱，故剖壳时多弃少取。

【注释】

①江瑶柱：又叫干贝，壳薄肉厚，肉质鲜、嫩，美味可口，是海中珍品。

【译文】

江瑶柱（干贝）产于浙江宁波，烹饪的做法与蚶子、蛏子一样。它鲜脆的地方在肉柱部分，因此，剖洗去壳的时候，要多弃少取。

蛎黄

【原典】

蛎黄生石子上①。壳与石子胶粘不分。剥肉作羹②，与蚶、蛤相似③。一名鬼眼，乐清、奉化两县上产，别地所无。

【注释】

①蛎（lì）黄：俗称蚝，又名牡蛎，其壳的表面凹凸不平，附着于石块之上。肉供食用，又能提制蚝油。

②羹（gēng）：指五味调和的浓汤。

③蚶：为蚶科动物魁蚶、泥蚶、毛蚶等的肉。可入药。

【译文】

牡蛎生长在石子上。它的壳与石子粘贴很紧。剥出肉来烹饪做羹，同蚶子、蛤子的方法相似。它又叫鬼眼，是浙江乐清、奉化两县的土特产，别的地方没有。

四、江鲜单

【原典】

郭璞《江赋》鱼族甚繁。今择其常有者治之，作《江鲜单》。

【译文】

东晋郭璞所著的《江赋》，讲述了很多种鱼类。现介绍一些常见的鱼类及其做法，作《江鲜单》。

刀鱼二法

【原典】

刀鱼，用蜜酒酿、清酱放盘中①，如鲥鱼法蒸之，最佳，不必加水。如嫌刺多，则将极快刀刮取鱼片，用钳抽去其刺。用火腿汤、鸡汤、笋汤煨之，鲜妙绝伦。金陵人畏其多刺②，竟油炙极枯③，然后

煎之。谚曰："驼背夹直，其人不活。"此之谓也。或用快刀将鱼背斜切之，使碎骨尽断，再下锅煎黄，加作料，临食时竟不知有骨。芜湖陶大太法也[4]。

【注释】

①刀鱼：又称"刀鲚""毛鲚"，产于长江。

②金陵：南京。

③枯：枯焦。

④陶大太：乾隆年间芜湖名厨，创制烹刀鱼之法。

【译文】

刀鱼，将其用甜酒酿、清酱腌过后放在盘里，用蒸鲥鱼的方法蒸，味道最好，不必加水。如果嫌刺多，就用锋利的刀刃刮取鱼片，用钳子拔去鱼刺。再用火腿汤、鸡汤、笋汤煨煮，鲜妙无比。南京人怕它多刺，把它油炸到枯焦后再煎。俗话说："把驼背夹直，这人也就活不了。"说的就是这个道理。有人也会用锋利的刀在鱼背上斜着切，把鱼骨剁碎，再下到油锅里煎黄，加上作料，食用时竟感觉不到有刺，这是芜湖陶大太家的做法。

鲥鱼

【原典】

鲥鱼用蜜酒蒸食①，如治刀鱼之法便佳。或竟用油煎，加清酱、酒酿亦佳。万不可切成碎块加鸡汤煮，或去其背，专取肚皮，则真味全失矣②。

【注释】

①鲥（shí）鱼：产于中国长江下游，与河豚、刀鱼齐名，素称"长江三鲜"。

②真味：本味。

【译文】

鲥鱼用甜酒蒸着吃，如做刀鱼的方法烹饪就很好。或者直接用油煎，加酱油、酒酿也很好。千万不要把鱼切成碎块加鸡汤煮；或是剔掉鱼背骨，只留鱼腹，那样鲥鱼的本味就全没了。

鲟鱼

【原典】

尹文端公^①，自夸治鲟鳇最佳^②，然煨之太熟，颇嫌重浊^③。惟在苏州唐氏，吃炒鳇鱼片甚佳。其法切片油炮^④，加酒、秋油滚三十次，下寸再滚起锅，加作料，重用瓜、姜、葱花。又一法，将鱼白水煮十滚，去大骨，肉切小方块，取明骨切小方块^⑤；鸡汤去沫，先煨明骨八分熟，下酒、秋油，再下鱼肉，煨二分烂起锅，加葱、椒、韭，重用姜汁一大杯。

【注释】

①尹文端公：清代官吏尹继善，字元长，号望山，谥号文端。

②鲟鳇（xún huáng）：学名达氏鳇，有水中活化石之称，是中国淡水鱼类中体重最大的鱼类，主要分布于黑龙江流域。

③重浊：浓重浑浊。

④油炮：热油爆炸。

⑤明骨：鱼类的头骨、颚骨、鳍基骨及脊椎骨间的软骨。

【译文】

尹文端公先生，自夸擅长做鲟鱼。但感觉他煨得过熟，味道太浓浊了。只有在苏州姓唐的人家，我吃到的炒鲟鱼片，味道极好。其做法是：鲟鱼切片后用油爆炒，加酒、酱油烧开三十次，加上水再烧开后起锅，加作料，多放一些酱黄瓜、嫩姜和葱花。另有一种做法是，将鱼用白水煮开十次，去掉大鱼骨，把肉切成小方块。然后取出鱼的软骨也切成小方块，把汤的浮沫去掉，先将脆骨煨到八分熟，加酒和酱油，再下鱼肉，煨二分烂起锅，加葱、椒、韭，以及一大杯姜汁便可。

黄鱼

【原典】

黄鱼切小块，酱酒郁一个时辰①，沥干。入锅爆炒两面黄，加金华豆豉一茶杯②，甜酒一碗，秋油一小杯，同滚。候卤干色红，加糖，加瓜、姜收起，有沉浸浓郁之妙。又一法，将黄鱼拆碎，入鸡汤作羹，微用甜酱水、纤粉收起之，亦佳。大抵黄鱼亦系浓厚之物，不可以清治之也。

【注释】

①郁：密封浸泡。

②豆豉：一种豆制食品，用黄豆或黑豆蒸煮以后，经发酵制成，用于调味。

把黄鱼切成小块，放上酱油和酒密封腌两个小时，沥干腌汁。入锅中煎至两面金黄色，放入金华豆豉一茶杯，甜酒一碗，酱油一小杯，同煮烧开。等到卤干色红，加糖，加酱瓜和姜后，起锅，是非常浓郁好吃的一道菜。另一种做法：将黄鱼拆碎后，放入鸡汤中做羹，少加一些甜酱水、芡粉，把汤收干起锅，也很好。黄鱼属于味道浓厚的食品，不可用清淡的方法来烹制。

班鱼

【原典】

班鱼最嫩①，剥皮去秽，分肝肉二种，以鸡汤煨之，下酒三分、水二分、秋油一分；起锅时加姜汁一大碗，葱数茎，杀去腥气②。

【注释】

①班鱼：又称黑鱼、团鱼、乌棒、生鱼、墨头鱼等。

②杀去：除去，除掉。

【译文】

班鱼肉最为嫩滑，剥皮去掉内脏，留下肝脏和鱼肉，用鸡汤煨煮，加三份酒、二份水、一份酱油；起锅时加上一大碗姜汁，几根葱，可去掉腥味。

假蟹

【原典】

煮黄鱼二条，取肉去骨，加生盐蛋四个，调碎，不拌入鱼肉；起油锅炮，下鸡汤滚，将盐蛋搅匀，加香蕈①、葱、姜汁、酒，吃时酌用醋。

【注释】

①香蕈：香菇。

【译文】

先煎煮好两条黄鱼，留肉去骨，取生咸蛋四个，打散搅碎，暂且不拌入鱼肉；把黄鱼放入油锅煎好后，加鸡汤烧开，再将咸蛋搅匀放入锅中，加上香菇、葱、姜汁、酒。吃的时候可适当用些醋。

五、特牲单

【原典】

猪用最多，可称"广大教主"。宜古人有特豚馈食之礼。作《特牲单》。

【译文】

猪肉在菜式中用得最多，在众多食材中可以称得上是教主。因此，古人有用整头猪当作礼品互相赠送的礼仪。故于此作《特牲单》。

猪头二法

【原典】

洗净五斤重者，用甜酒三斤；七八斤者，用甜酒五斤。先将猪头下锅同酒煮，下葱三十根、八角三钱，煮二百余滚；下秋油一大杯、糖一两，候熟后尝咸淡，再将秋油加减；添开水要漫过猪头一寸，上压重物，大火烧一炷香；退出大火，用文火细煨，收干以腻为度；烂后即开锅盖，迟则走油。一法打木桶一个，中用铜帘隔开^①，将猪头洗净，加作料闷入桶中^②，用文火隔汤蒸之，猪头熟烂，而其腻垢悉从桶外流出，亦妙。

【注释】

①铜帘：也称金属网帘，此指用铜制成的供蒸煮用的隔断。

②闷：同"焖"，盖紧锅盖焖煮。

【译文】

将五斤重的猪头洗干净，用甜酒三斤；如果是七八斤重的猪头，用甜酒五斤。先将猪头下锅用酒煮，放入葱三十根、八角三钱，加水煮开二百多次；倒入酱油一大杯、糖一两，等肉熟后尝尝咸淡，再适当添加酱油。加入开水，要没过猪头一寸，上面压上重物，用大火烧约一炷香的时间；然后退出大火，用文火煨煮，以汁干肉腻为好。肉烂后及时打开锅盖，迟了会走油。另一种方法是先做一个木桶，中间用铜帘子隔开，将猪头洗干净后放进木桶中，加上作料，用文火隔着汤蒸，待猪头蒸熟焖烂，猪头中油腻的东西就会都从桶里流出，味道也非常好。

猪蹄四法

【原典】

蹄膀一只^①，不用爪，白水煮烂，去汤，好酒一斤，清酱油杯半^②，陈皮一钱，红枣四五个，煨烂。起锅时，用葱、椒、酒泼入，去陈皮、红枣，此一法也。又一法：先用虾米煎汤代水，加酒、秋油煨之。又一法：用蹄膀一只，先煮熟，用素油灼皱其皮，再加作料红煨。有土人好先掇食其皮^③，号称"揭单被"。又一法：用蹄膀一个，两钵合之，加酒，加秋油，隔水蒸之，以二枝香为度，号"神仙肉"。钱观察家制最精。

【注释】

①蹄膀：猪蹄子。

②清酱：即酱油，由豆酱演变和发展而成。

③土人：世代居住本地的人。掇（duo）：扯，剥。

【译文】

用蹄膀一只，去掉爪子的部分，用白水煮烂，把汤倒掉，加上上等黄酒一斤，酱油半酒杯，陈皮一钱，红枣四五个，煨烂。起锅时，用葱、椒、酒泼入，去掉陈皮、红枣，这是一种方法。另一种方

法：先用虾米煎汤代替水，加上酒、酱油煨煮。又一种方法：用蹄膀一只，先煮熟，用素油将蹄膀滚炸，再加上作料红焖。有的本地人喜欢先剥皮吃，叫作"揭单被"。还有一种方法：用蹄膀一个，放进两个合紧的钵内，加上酒和酱油，隔水蒸煮，烧两炷香的时间，叫作"神仙肉"。钱观察家做的这道菜最精美。

猪爪猪筋

【原典】

专取猪爪，剔去大骨，用鸡肉汤清煨之。筋味与爪相同[①]，可以搭配。有好腿爪，亦可搀入[②]。

【注释】

①筋：指猪蹄筋。

②搀：掺杂，混合。

【译文】

选取猪脚，剔除大骨头，放入鸡肉汤中清煨。猪蹄筋味道与猪脚相同，可以搭配食用。如果有新鲜的猪蹄，也可以放在一起烹煮。

猪肚二法

【原典】

将肚洗净,取极厚处,去上下皮,单用中心,切骰子块[①],滚油炮炒,加作料起锅,以极脆为佳。此北人法也。南人白水加酒,煨两枝香[②],以极烂为度,蘸清盐食之,亦可;或加鸡汤作料,煨烂熏切,亦佳。

【注释】

①骰子(tóu zǐ):打麻将娱乐时用来投掷的博具。

②两枝香:两炷香的时间,约一个时辰。

【译文】

把猪肚洗干净,取其最厚的部位,去掉上下皮,只用中

间部分，切成骰子一般大的块，滚油爆炒，加作料后起锅，在猪肚脆时起锅最好。这是北方人的做法。南方人是将猪肚用白水加酒，煨两炷香的时间，至猪肚很烂时为宜，蘸着清盐吃，也可以；或者加入鸡汤，煨烂后熏干切片，味道也佳。

猪肺二法

【原典】

洗肺最难，以沥尽肺管血水[①]，剔去包衣为第一着。敲之扑之[②]，挂之倒之，抽管割膜，功夫最细。用酒水滚一日一夜。肺缩小如一片白芙蓉，浮于水面，再加上作料。上口如泥。汤西厓少宰宴客[③]，每碗四片，已用四肺矣。近人无此工夫，只得将肺拆碎，入鸡汤煨烂，亦佳。得野鸡汤更妙，以清配清故也。用好火腿煨亦可。

【注释】

①沥（liè）：清沥，此指冲刷洗清之意。

②扑：敲打。

③汤西厓：汤右曾，字西厓，康熙年间进士。少宰：吏部侍郎的别称。

【译文】

洗干净猪肺最难，首先要冲刷洗净肺管里的血水，剔去包衣。

敲、打、挂、倒，抽管割膜，工夫最为细腻。然后用酒水煮上一天一夜。肺缩小如一片白色荷花浮于汤面，再加上作料，此时吃到的猪肺熟烂如泥。汤崖少宰宴请客人，每碗只有四片，但已经用了四个猪肺。现在的人没有这样的烹制功夫，只得将肺拆碎切片，放入鸡汤煨烂，味道也很好。能用野鸡汤煨煮更好，这是以清配清的道理。用上等火腿煨煮也可以。

猪腰

【原典】

腰片炒枯则木，炒嫩则令人生疑；不如煨烂，蘸椒盐食之为佳。或加作料亦可。只宜手摘，不宜刀切。但须一日工夫，才得如泥耳①。此物只宜独用，断不可搀入别菜中，最能夺味而惹腥②。煨三刻则老，煨一日则嫩。

【注释】

①如泥：烂熟如泥。

②夺味：抢味道。

【译文】

猪腰片炒老了就会硬得像嚼木头，炒嫩了会让人怀疑半生不熟；

不如把它煨烂，蘸上椒盐吃。或者加上其他作料也可以。这种做法只适宜用手撕开，不适宜用刀切。煮的时候需要一天的工夫，才能烧得软烂如泥。猪腰只适合单独烹制，不可掺入其他菜中，因它最能夺味并且使其他菜沾腥。煨上三刻的时间会老，而煨上一天却会显得嫩。

猪里肉

【原典】

猪里肉[①]，精而且嫩，人多不食。尝在扬州谢蕴山太守席上[②]，食而甘之。云以里肉切片，用纤粉团成小把，入虾汤中，加香蕈、紫菜清煨，一熟便起。

【注释】

①猪里肉：即猪里脊肉，指猪的脊椎骨内侧的条状嫩肉。通常分为大里脊和小里脊，大里脊就是大排骨相连的瘦肉，适合炒菜用；小里脊是脊椎骨内侧一条肌肉，很嫩，适合做汤。

②太守：官职。秦朝至汉朝时期对郡守的尊称，后汉景帝更名为太守，为一郡的最高行政长官。明清则专称知府。

【译文】

猪里脊肉精细而爽嫩，但很多人不知道怎么吃。我曾经在扬州谢蕴山太守家宴席上吃过，觉得非常可口。据说是用里脊肉切片，用芡粉上浆，浆成一个团团的小饼，然后放入虾汤中，加上香菇、紫菜清煮，一熟立即起锅。

白片肉

【原典】

须自养之猪，宰后入锅，煮到八分熟，泡在汤中，一个时辰取起。将猪身上行动之处，薄片上桌。不冷不热，以温为度。此是北人擅长之菜。南人效之，终不能佳。且零星市脯①，亦难用也。寒士请客②，宁用燕窝，不用白片肉，以非多不可故也。割法须用小快刀片

之，以肥瘦相参，横斜碎杂为佳，与圣人"割不正不食"一语截然相反。其猪身，肉之名目甚多，满洲"跳神肉"最妙③。

【注释】

①市脯（fǔ）：买来的肉食品。

②寒士：指出身低微的读书人，泛指贫困的人。

③跳神肉：即白肉，白肉的发源地在满族，当时古书记载满洲跳神肉是白肉中最好的，白肉之所以称作"跳神肉"，是因为满族曾有一种传统大礼叫作"跳神仪"，无论富贵士宦，其室内必供奉神牌，敬神，祭祖。

【译文】

白片肉最好选用自家养的猪，宰杀后放入锅里，煮到八分熟的时候灭火，泡在汤中，两个小时后捞起。将猪上平时行动较多的部位，切成薄片上桌。不冷不热，以口感温热为宜。这是北方人擅长做的菜。南方人仿效这种做法，总是不理想。况且，在市场上零星买来的肉，很难合用。一些比较清贫的读书人请客，宁愿用燕窝，也不用白片肉，因为白片肉需要用的肉量比较多。切割必须用锋利的小刀切片，以肥瘦相间、横斜混杂为好，与孔子所说"食材切割纹理不当不吃"的话截然相反。猪肉菜肴名目繁多，满洲人所说的"跳神肉"最好。

红煨肉三法

【原典】

或用甜酱，或用秋油，或竟不用秋油、甜酱。每肉一斤，用盐三钱，纯酒煨之；亦有用水者，但须熬干水气。三种治法皆红如琥珀，不可加糖炒色。早起锅则黄，当可则红，过迟则红色变紫，而精肉转硬①。常起锅盖，则油走而味都在油中矣。大抵割肉虽方，以烂到不见锋棱②，上口而精肉俱化为妙。全以火候为主。谚云："紧火粥，慢火肉。"至哉言乎！

【注释】

①转硬：此指肉质变老。

②锋棱：指棱角。

【译文】

烹制红烧肉，有用甜酱的，也有用酱油的，有的干脆酱油、甜酱都不用。每一斤肉，需用盐三钱，加上纯酿的酒来煨炖；也有用水煨煮的，但必须熬干水分。这三种烹制方法做出来的肉色都红如琥珀，不可用糖来炒色。红烧肉起锅早颜色会发黄，起锅适时便是红色，起锅迟红色会变成紫色，而且瘦肉变老。常揭开锅盖，会走油而失味，因为味都融在油汤中。通常肉应切成方块，煨到软烂至不见棱角为止，入口时以瘦肉能融化为最好。这道菜的烹制全在火候。俗话说："紧火粥，慢火肉。"真是至理名言！

白煨肉

【原典】

每肉一斤，用白水煮八分好，起出去汤；用酒半斤，盐二钱半^①，煨一个时辰。用原汤一半加入，滚干汤腻为度，再加葱、椒、木耳、韭菜之类，火先武后文^②。又一法：每肉一斤，用糖一钱，酒半斤，水一斤，清酱半茶杯；先放酒滚肉一、二十次，加茴香一钱，加水焖烂，亦佳。

【注释】

①二钱半：按换算，为12.5克。

②先武后文：先用大火，后用小火。

【译文】

白煨肉，通常是一斤肉，用白水煮八分熟时起锅，把汤倒出；用半斤料酒、二钱半盐，煮两个小时。然后放入一半的原汤，煮到汤汁稠滑为止，再加葱、椒、木耳、韭菜等，先旺火后小火。又一种做法是：每一斤肉，用一钱糖，半斤料酒，一斤水，半茶杯酱油；先放料酒将肉煮开一二十次，放茴香一钱，加水焖烂，味道也妙。

油灼肉

【原典】

用硬短勒切方块①，去筋襻②，酒酱郁过，入滚油中炮炙之③，使肥者不腻，精者肉松④。将起锅时，加葱、蒜，微加醋喷之。

【注释】

①硬短勒：指五花肉。

②筋襻（pàn）：指瘦肉和骨头上的白色条状物。

③炮炙：指在油锅中滚炸。

④精者：此指瘦肉。

【译文】

把五花肉切成方块，去掉筋膜，用酒和酱腌一下，放进滚烫的油锅中爆炸，使肥肉不腻，瘦肉酥松。将起锅时，加上葱、蒜，并可稍微加一点醋。

干锅蒸肉

【原典】

用小磁钵①，将肉切方块，加甜酒、秋油，装大钵内封口，放锅内，下用文火干蒸之。以两枝香为度，不用水。秋油与酒之多寡，相肉而行②，以盖满肉面为度。

【注释】

①磁钵：瓷碗。

②相：根据，依据。

【译文】

将肉切成方块，放在小瓷钵里，加入甜酒和酱油，再装进大钵内封口，用文火干蒸。大约两炷香的时间（约一个小时），不用加水。酱油与酒的多少，根据肉量而定，以没过肉面为标准。

盖碗装肉

【原典】

放手炉上，法与前同。

【译文】

放在炉子上煮。做法与前面"干锅蒸肉"的方法相同。

磁坛装肉

【原典】

放砻糠中慢煨①。法与前同。总须封口。

【注释】

①砻（lóng）：去掉稻壳的农具，形状略像磨，多以竹、

85

泥制成。

【译文】

　　以糠点火，将放在瓷坛中的肉慢慢煨煮。方法与前面所说相同。必须把坛口密封严实。

脱沙肉

【原典】

　　去皮切碎，每一斤用鸡子三个^①，青黄俱用^②，调和拌肉；再斩碎，入秋油半酒杯，葱末拌匀，用网油一张裹之^③；外再用菜油四两，煎两面，起出去油；用好酒一茶杯，清酱半酒杯，闷透，提起切片肉之面上，加韭菜、香蕈、笋丁。

【注释】

①鸡子：此指鸡蛋。

②青黄：指蛋白蛋黄。

③网油：即猪网油，指猪的肠系膜，大网膜堆积的脂肪，在猪的腹部成网状的油脂。

【译文】

将肉去皮切碎，每一斤肉用三个鸡蛋，蛋白蛋黄一起调和拌肉；再把拌好的肉剁成肉浆，加半酒杯酱油，与葱末一起搅匀，用一张猪网油把肉馅包好；再用菜油四两入锅，把肉糜两面煎好，从油锅中取出；然后再用上好料酒一茶杯、酱油半酒杯，倒入锅中焖透，取肉切片，肉的上面加上韭菜、香菇、笋丁。

晒干肉

【原典】

切薄片精肉，晒烈日中，以干为度①。用陈大头菜②，夹片干炒。

【注释】

①干：晒干。

②陈：陈年。

【译文】

将精瘦肉切成薄片，放在烈日下暴晒，至晒干为止。吃的时候用陈年的大头菜，与肉片干炒。

火腿煨肉

【原典】

火腿切方块，冷水滚三次，去汤沥干①；将肉切方块，冷水滚二次，去汤沥干；放清水煨，加酒四两，葱、椒、笋、香蕈。

【注释】

①沥干：晾干。

【译文】

把火腿切成方块，放在冷水里烧开三次，捞出锅沥干；把肉也切成方块，用冷水烧开两次，捞出锅沥干；再将火腿块与肉块一同放清水中煨煮，加入四两酒，葱、花椒、笋、香菇。

台^①鲞煨肉

【原典】

法与火腿煨肉同。鲞易烂^②，须先煨肉至八分，再加鲞；凉之则号"鲞冻"，绍兴人菜也。鲞不佳者，不必用。

【注释】

①台：浙江台州。

②鲞（xiǎng）：本义为剖开晾干的鱼，后泛指成片的腌腊食品。

【译文】

台鲞煨肉的做法与火腿煨肉相同。台鲞容易烂，所以应先将猪肉煨到八分熟，再加入台鲞；炖好放凉了，就称为"鲞冻"，这是绍兴菜式。如果鲞不好，就不要食用。

粉蒸肉

【原典】

用精肥参半之肉[1]，炒米粉黄色，拌面酱蒸之，下用白菜作垫，熟时不但肉美，菜亦美。以不见水，故味独全。江西人菜也。

【注释】

①精肥参半之肉：指猪五花肉。

【译文】

用猪身上肥瘦相间的五花肉，将米粉炒至发黄，拌上甜面酱一起蒸煮，肉下面垫上白菜，煮熟后不但肉味美，菜味也美。由于不用水，因此味道得以独特保留。这是江西人的名菜。

熏煨肉

【原典】

先用秋油、酒将肉煨好，带汁上不屑，略熏之，不可太久，使干湿参半，香嫩异常。吴小谷广文家制之精极[1]。

【注释】

[1]广文：古代指国学馆教授。

【译文】

先用酱油、料酒将肉煨好，带汤汁放在木屑上，稍微熏一会儿，时间不要太长，让它半干半湿，这样做出来的熏煨肉非常香嫩。吴小谷广文家做的这个菜味道极好。

芙蓉肉

【原典】

精肉一斤，切片，清酱拖过，风干一个时辰。用大虾肉四十个，猪油二两，切骰子大，将虾肉放在猪肉上，一只虾，一块肉，敲扁，将滚水煮熟撩起。熬菜油半斤，将肉片放在眼铜勺内[1]，将滚油灌熟。再用秋油半酒杯，酒一杯，鸡汤一茶杯，熬滚，浇肉片上，加蒸粉、葱、椒，糁上起锅[2]。

【注释】

[1]眼铜勺：铜质漏勺。

②糁（shēn）：洒，散落。

【译文】

瘦肉一斤切成片，在清酱中蘸一下，风干两个小时。用四十只大虾肉，猪板油二两，切成骰子一般大的块，将虾肉放在猪肉上，一只虾下放一块肉，拍扁后，开水中煮熟捞起。然后熬半斤菜油，将肉片放在铜漏勺里，放入油锅滚熟。再用半酒杯酱油，一杯酒，一茶杯鸡汤，烧开后浇在肉片上，加上葱、椒，用淀粉勾芡后起锅。

荔枝肉

【原典】

用肉切大骨牌片①，放白水煮二、三十滚，撩起；熬菜油半斤，将肉放入炮透②，撩起，用冷水一激，肉皱，撩起；放入锅内，用酒半斤，清酱一小杯，水半斤，煮烂。

【注释】

①骨牌：牌九，用木，骨或象牙制成。
②炮透：炸透。

【译文】

将肉切成大骨牌大小的片，放进白水煮开二三十次，捞起；熬菜油半斤，把肉放入油锅炸透，捞起，用冷水激一下，让肉起皱，再捞起；最后放入锅内，用料酒半斤、清酱一小杯、水半斤，将肉片煮熟。

八宝肉

【原典】

用肉一斤，精肥各半，白煮二十滚，切柳叶片。小淡菜二两[①]，鹰爪二两[②]，香蕈一两，花海蜇二两[③]，胡桃肉四个去皮，笋片四两，好火腿二两，麻油一两。将肉入锅，秋油、酒煨至五分熟，再加余物，海蜇下在最后。

【注释】

①淡菜：学名贻贝，也叫青口，生活在海滨岩石上。

②鹰爪：即八角茴香。

③花海蜇：海蜇头。

【译文】

用肥瘦各半的猪肉一斤，在白水锅里煮开一二十次，切成柳叶片形状。再备用小贻贝二两、八角茴香二两、香菇一两、海蜇头二两、去皮核桃肉四个、笋片四两、上好火腿二两、麻油一两。将肉放回锅内，加酱油、料酒煨至五分熟，再加准备好的上述配料一起放到锅里煮，但海蜇要最后入锅。

菜花头煨肉

【原典】

用台心菜嫩蕊微腌，晒干用之。

【译文】

将台心菜嫩蕊花苞稍微用盐腌一下，晒干后即可用来烹饪煨肉。

炒肉丝

【原典】

切细丝，去筋襻、皮、骨，用清酱、酒郁片时，用菜油熬起，白烟变青烟后，下肉炒匀，不停手，加蒸粉，醋一滴，糖一撮，葱白、韭蒜之类；只炒半斤，大火，不用水。又一法：用油炮后②，用酱水加酒略煨，起锅红色，加韭菜尤香。

【注释】

①郁片时：意为浸泡片刻。

②炮：此指爆炒。

【译文】

把肉切成细丝，去掉筋膜、皮、骨，用酱油、料酒浸泡一会儿，把菜油入锅加热到由白烟变成青烟后，下肉炒匀，并不停翻炒，随即加入适量蒸粉，醋一滴，糖一撮，以及葱白、韭菜段、蒜片之类；只炒半斤肉，就用旺火，不用放水。还有一种方法：将肉丝用油爆炒后，用酱水加料酒略煨煮，肉呈红色时起锅，加韭菜味道特香。

炒肉片

【原典】

将肉精肥各半切成薄片，清酱拌之。入锅油炒，闻响即加酱、水、葱、瓜、冬笋、韭芽，起锅火要猛烈^①。

【注释】

①起锅：出锅。

【译文】

将肥瘦各半的猪肉切成薄片，用清酱拌匀。放入油锅爆炒，等听到噼啪的响声时就加酱、水、葱段、酱瓜、冬笋和韭菜，出锅时火仍然要猛烈。

八宝肉圆

【原典】

猪肉精、肥各半，斩成细酱，用松仁、香蕈、笋尖、荸荠、瓜、姜之类斩成细酱，加芡粉和捏成团，放入盘中，加甜酒、秋油蒸之，入口松脆。家致华云："肉圆宜切不宜斩。"必别有所见[1]。

【注释】

①别有所见：意思是自有道理。

【译文】

用肥瘦各半的猪肉，剁成细酱，将松仁、香菇、笋尖、荸荠、瓜、姜之类，切成细末放入猪肉剁成的细酱中，再加入芡粉捏成团，放入盘中，最后加甜酒、酱油上锅蒸，此肉丸入口松脆。家致华说："做肉丸的馅应当切而不应当剁。"这句话一定有其特殊的道理。

空心肉圆

【原典】

将肉捶碎郁过[1]，用冻猪油一小团作馅子，放在团内蒸之[2]，则油流去，而团子空矣。此法镇江人最善。

【注释】

①捶碎：捣碎成酱。
②团：肉团。

【译文】

将肉捣成肉酱，加入调料腌制一下，用结冻的一小团熟猪油做馅，放如肉团中上锅蒸，猪油遇热融化，肉团子则是空心的。这种烹饪方法镇江人最擅长。

锅烧肉

【原典】

煮熟不去皮，放麻油灼过，切块加盐，或蘸清酱亦可。

【译文】

将猪肉煮熟后不去皮，放入烧热的麻油锅中烫一下，然后切成块加盐，或者蘸清酱吃也可以。

酱肉

【原典】

先微腌，用面酱酱之[①]，或单用秋油拌郁，风干。

【注释】

①酱之：浸润到肉上。

【译文】

先把肉稍微腌一下，再用面酱浸润，或是单独用酱油拌后腌制在容器中，让风吹干后食用。

糟肉

【原典】

先微腌，再加米糟①。

【注释】

①米糟：酿造米酒剩下的酒糟。

【译文】

先将肉略微腌一下，再加米糟腌制。

暴腌肉

【原典】

微盐擦揉，三日内即用。以上三味①，皆冬月菜也，春夏不宜。

【注释】

①以上三味：指上面说到的酱肉、糟肉及暴腌肉三种。

【译文】

用少量的盐在肉上搓揉，腌制入味，三天的时间就可以食用。酱肉、糟肉、暴腌肉这三种肉都是冬天吃的菜，春夏二季不适合吃。

尹文端公家风肉

【原典】

杀猪一口，斩成八块，每块炒盐四钱，细细揉擦，使之无微不到。然后高挂有风无日处。偶有虫蚀，以香油涂之。夏日取用，先放水中泡一宵，再煮，水亦不可太少，以盖肉面为度。削片时，用快刀横切，不可顺肉丝而斩也。此物惟尹府至精^①，常以进贡。今徐州风肉不及，亦不知何故。

【注释】

①尹府：指尹文端总督。

【译文】

杀一头猪，剁成八块，每块用炒盐四钱，在肉上细细地揉擦，使每个地方都能全部擦到。然后高挂在通风阴凉的地方。如果有虫蛀蚀，就用香油涂抹一下。夏天取之食用时，先放入水中浸泡一夜，然后再煮，煮时水要适量不能太少，以盖住肉面为好。切片时，要用快刀横切，不可顺着肉的丝纹切片。这种菜式只有尹府（尹文端总督）做得最好，常常用来进贡。现在徐州所产的风肉没有他家的好吃，也不知什么原因。

家乡肉

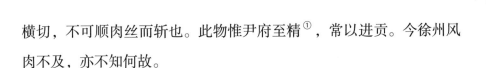

【原典】

杭州家乡肉，好丑不同，有上、中、下三等。大概淡而能鲜^①，精肉可横咬者为上品。放久即是好火腿。

【注释】

①淡而能鲜：清淡而味道鲜美。

【译文】

杭州的家乡肉，好坏各不相同，分为上、中、下三等。通常认为吃起来清淡而味鲜，瘦肉可以横咬的是上等品。家乡肉放的时间长了就成了上等火腿。

笋煨火肉

【原典】

冬笋切方块，火肉切方块，同煨。火腿撤去盐水两遍，再入冰糖煨烂。席武山别驾云①：凡火肉煮好后，若留作次日吃者，须留原汤，待次日将火肉投入汤中滚热才好。若干放离汤，则风燥而肉枯；用白水则又味淡。

【注释】

①别驾：古代官职，为刺史的副官。

【译文】

将冬笋和火腿肉都切成方块，一起下锅煮。等火腿去掉两遍盐水后，再放入冰糖煨烂。席武山别驾说：凡是火腿煮好后，如留作第二天吃的，一定要保留原汤，等第二天将火腿放到汤中烧热后吃才好。如果离汤干放，就会被风蚀肉质枯干；若用白水加热，火腿肉的味道会变淡。

烧小猪

【原典】

小猪一个，六七斤重者，钳毛去秽，叉上炭火炙之。要四面齐到，以深黄色为度。皮上慢慢以奶酥油涂之，屡涂屡炙。食时酥为上，脆次之，硬斯下矣。旗人有单用酒^①、秋油蒸者，亦惟吾家龙文弟颇得其法。

【注释】

①旗人：指满族人。

【译文】

将一头六七斤重的小猪，拔去猪毛，清除掉内脏，架在炭火上烘烤。要四面全部烤到，烤至深黄色为好。猪皮上用奶酥油涂抹，一边涂抹一边烤。吃时酥的为上品，脆的属中品，硬的则是下品了。满族人有用料酒、酱油来蒸的，也只有我家龙文弟很擅长这种做法。

烧猪肉

【原典】

凡烧猪肉，须耐性。先炙里面肉[1]，使油膏走入皮内，则皮松脆而味不走。若先炙皮，则肉中之油尽落火上，皮既焦硬，味亦不佳。烧小猪亦然。

【注释】

①炙：烧烤。

【译文】

烤制猪肉，一定要有耐性。先烤里面的肉，使油膏渗入皮肉，就可以使肉皮松脆而味道不变。如果先烤皮的话，那么肉上的油便全部滴到火上，如此会使肉皮焦硬，味道也不好。烧烤乳猪也是这样。

排骨

【原典】

取勒条排骨精肥各半者①，抽去当中直骨，以葱代之，炙用醋、酱频频刷上，不可太枯。

【注释】

①排骨：指猪、牛、羊等动物剔肉后剩下的肋骨和脊椎骨。

【译文】

选取肥瘦肉各半的肋排，抽去当中的直骨，用大葱代替，烧烤的时候用醋、酱不停地在排骨上涂刷，不能让排骨太枯。

罗簑肉

【原典】

以作鸡松法作之。存盖面之皮，将皮下精肉斩成碎团，加作料烹熟。聂厨能之①。

【注释】

①聂厨：姓聂的厨师。

【译文】

按照做鸡松的办法烹饪。留着表面上的肉皮，将皮下的精肉斩成碎团，加上作料烹熟。有个姓聂的厨师擅长做这道菜。

端州三种肉

【原典】

一罗簑肉；一锅烧白肉，不加作料，以芝麻、盐拌之；切片煨好，以清酱拌之。三种俱宜于家常。端州聂、李二厨所作，特令杨二学之。

【译文】

一种是罗簑肉；另一种是锅烧白肉，不加任何作料，煮熟后用芝麻、盐拌着吃；还有一种做法是将肉切成片煨好后，用酱油拌着吃。这三种都适宜作为家常菜。这是端州聂、李两位厨师所烹制，我特地派杨二去学习过。

杨公圆

【原典】

杨明府作肉圆，大如茶杯，细腻绝伦，汤尤鲜洁，入口如酥。大概去筋去节，斩之极细，肥瘦各半，用纤合匀①。

【注释】

①纤：芡粉。

【译文】

杨明府家做的肉丸，大得像茶杯，非常细嫩，汤尤其鲜美，肉丸入口便化。大概方法是去掉了筋和骨节，剁得极细，肥瘦肉各占一半，用芡粉调和均匀。

黄芽菜煨火腿

【原典】

用好火腿，削下外皮，去油存肉。先用鸡汤将皮煨酥①，再将肉煨酥，放黄芽菜心，连根切段，约二寸许长；加蜜、酒酿及水，连煨半日。上口甘鲜，肉菜俱化，而菜根及菜心丝毫不散，汤亦美极。朝天宫道士法也②。

【注释】

①酥：酥软。

②朝天宫：位于江苏省南京市秦淮区。

【译文】

选用上等火腿，剥去外皮，去掉肥油保留精肉。先用鸡汤将削下的皮煨煮到酥软，再将肉煨酥软，然后放入黄芽菜心，菜心要连茎切成段，约二寸长；加蜂蜜、酒酿及水，一起煨上半天。这样吃到嘴里甘甜鲜美，肉菜虽然化了，而菜茎和菜心丝毫不散，汤也鲜美至极。这是朝天宫道士的方法。

蜜火腿

【原典】

取好火腿，连皮切大方块，用蜜酒煨极烂①，最佳。但火腿好丑、高低，判若天渊②。虽出金华、兰溪、义乌三处，而有名无实者多。其不佳者，反不如腌肉矣。惟杭州忠清里王三房，四钱一斤者佳。余在尹文端公苏州公馆吃过一次，其香隔户便至，甘鲜异常。此后不能再遇此尤物矣。

【注释】

①蜜酒：用蜂蜜酿造的酒，亦泛指甜酒。

②天渊：形容高天和深渊相隔极远，差别极大。

【译文】

选取优质火腿，连皮切成大方块，用蜜酒煨到烂熟为好。火腿质量的好坏、优劣有天壤之别。虽然都是出自金华、兰溪、义乌三个地方，但徒有虚名的很多。不好的火腿，反而不如腌肉。只有杭州忠清里王三房家，卖四钱银子一斤的火腿最好。我在尹总督的苏州公馆吃过一次，那香味在门外就能闻到，特别鲜美。此后再也没有碰到这么好吃的东西了。

六、杂牲单

牛、羊、鹿三牲，非南人家常时有之物。然制法不可不知。作《杂牲单》。

【译文】

牛、羊、鹿三种肉类，并不是南方人家中常有的食材。但是烹制的方法不可不知，因此作《杂牲单》。

牛肉

【原典】

买牛肉法，先下各铺定钱，凑取腿筋夹肉处[①]，不精不肥。然后带回家中，剔去皮膜，用三分酒、二分水清煨，极烂；再加秋油收汤。此太牢独味孤行者也^②，不可加别物配搭。

【注释】

①凑取：选取。

②太牢：古代帝王祭祀社稷时，牛、羊、豕（shǐ，猪）三牲全备为"太牢"。

【译文】

买牛肉的方法是先到各肉店谈价付钱，选取牛腱子肉，这处肉不瘦不肥。拿回家后，剔去皮膜，用三份料酒、二份水清煨煮到软烂；再加适量酱油收汁。牛肉味道独特，单独烹制为宜，不可与其他食材搭配。

牛舌

【原典】

牛舌最佳。去皮、撕膜、切片，入肉中同煨。亦有冬腌风干者，隔年食之，极似好火腿^①。

【注释】

①腌：腌制。

【译文】

牛舌是最好的食材。做法是剥皮、去膜、切片，然后放入牛肉中一同煮。也有在冬天腌制后风干，等到来年再吃的，味道如同优质火腿。

羊头

【原典】

羊头毛要去净，如去不净，用火烧之。洗净切开，煮烂去骨。其口内老皮俱要去净[1]。将眼睛切成二块，去黑皮，眼珠不用，切成碎丁。取老肥母鸡汤煮之，加香蕈、笋丁，甜酒四两，秋油一杯。如吃辣，用小胡椒十二颗、葱花十二段；如吃酸，用好米醋一杯。

【注释】

①口内老皮：指嘴里老皮。

【译文】

羊头上的毛要去干净，如果去不干净，可用火烧干净。洗净切开，煮烂后剔去骨头。嘴里的老皮也要撕干净。将眼睛切成两块，剥去黑皮，不要眼珠，再切成碎丁。然后用肥的老母鸡汤煮，再加上香菇、笋丁，甜酒四两，酱油一杯。如果吃辣的，就用十二颗小胡椒，十二段葱花；如果吃酸的，就加上一杯好的米醋。

羊蹄

【原典】

煨羊蹄，照煨猪蹄法，分红、白二色。大抵用清酱者红①，用盐者白。山药配之宜。

【注释】

①大抵：通常，大多数。

【译文】

煨炖羊蹄，可参照炖猪蹄的方法，分红烧、清煮两种做法。一般红烧用酱油，清煮用盐。用山药来搭配最为适宜。

羊羹

【原典】

取熟羊肉斩小块，如骰子大①。鸡汤煨，加笋丁、香蕈丁、山药丁同煨。

【注释】

①骰（tóu）子：民间娱乐用来投掷的博具。

【译文】

将熟羊肉切成小块，大约如骰子般的大小。用鸡汤煨煮，可加入适量的笋丁、香菇丁、山药丁等一同煨羹。

羊肚羹

【原典】

将羊肚洗净，煮烂切丝，用本汤煨之。加胡椒、醋俱可。北人炒法①，南人不能如其脆②。钱屿沙方伯家，锅烧羊肉极佳，将求其法。

【注释】

①北人：北方人。

②南人：南方人。

【译文】

将羊肚洗干净，煮熟后切成丝，用原汤再炖。加进胡椒、醋都可以。这是北方人的烹制方法，南方人做的不如北方人爽脆。当过地方长官的钱屿沙家锅烧羊肉味道特好，我要向他请教其烧法。

红煨羊肉

【原典】

与红煨猪肉同。加刺眼核桃，放入去膻①。亦古法也。

【注释】

①膻（shān）：膻气，腥味。

【译文】

红烧羊肉做法与红煨猪肉相同。但还需要将打过孔的核桃放入锅中，去其膻味。这也是自古相传的方法。

炒羊肉丝

【原典】

与炒猪肉丝同。可以用纤，愈细愈佳。葱丝拌之。

【译文】

炒羊肉丝与炒猪肉丝方法一样。可以用芡粉，肉丝切得越细越好。并用葱丝拌一下。

烧羊肉

【原典】

羊肉切大块，重五七斤者，铁叉火上烧之。味果甘脆，宜惹宋仁宗夜半之思也[1]。

【注释】

①宋仁宗：宋朝第四位皇帝，赵祯。

【译文】

把羊肉切成大块，重五至七斤，用铁叉叉起来在火上烤熟。味道甘美酥脆，甚至能使当年的宋仁宗皇帝半夜都睡不着觉而想吃烧羊肉。

全羊

【原典】

全羊法有七十二种，可吃者不过十八九种而已。此屠龙之技[1]，家厨难学。一盘一碗，虽全是羊肉，而味各不同才好。

【注释】

①屠龙之技：语出《庄子·列御寇》："朱泙漫学屠龙于支离益，单千金之家，三年技成，而无所用其巧。"此指高超的烹饪技艺。

【译文】

整只羊的烹调方法多达七十二种，但好吃的不过十八九种罢了。这种高超的烹调技艺，一般家厨难以学到。一盘一碗，虽然全是羊肉，但是口味各有不同才好。

鹿肉

【原典】

鹿肉不可轻得。得而制之，其嫩鲜在獐肉之上^①。烧食可，煨食亦可。

【注释】

①獐（zhāng）：又称土麝、香獐，是小型鹿科动物之一。

【译文】

鹿肉不可能轻易得到。如果得到鹿肉做菜，其鲜嫩的味道强于獐肉。可以烧着吃，也可以煨着吃。

鹿筋二法

【原典】

鹿筋难烂。须三日前，先捶煮之①，绞出臊水数遍，加肉汁汤煨之，再用鸡汁汤煨；加秋油、酒，微纤收汤；不搀他物，便成白色，用盘盛之。如兼用火腿、冬笋、香蕈同煨，便成红色，不收汤，以碗盛之。白色者加花椒细末。

【注释】

①捶：棒槌敲打。

【译文】

鹿筋难以烧烂。必须提前三天先把它捶打之后再煮，煮后绞出腥臊的汤水，反复几遍。然后加肉汤煨，再用鸡汤煨；加酱油、料酒，稍加芡粉收汤；不掺杂其他配料，自然成白色，用盘装上。如再同时用火腿、冬笋、香菇之类的东西一起煨，会变成红色，不用芡收汤，用碗盛之。白色的做法还可加些花椒细末。

獐肉

【原典】

制獐肉与制牛、鹿同。可以作脯^①。不如鹿肉之活，而细腻过之。

【注释】

①脯（fǔ）：肉脯。

【译文】

烧獐肉与烧牛肉、鹿肉方法相同。可以把它做成干肉脯。獐肉虽然没有鹿肉松嫩，但比鹿肉细滑。

假牛乳

【原典】

用鸡蛋清拌蜜酒酿，打掇入化①，上锅蒸之。以嫩腻为主。火候迟便老，蛋清太多亦老。

【注释】

①打掇（duō）：搅拌。

【译文】

制作假牛乳的方法是用鸡蛋清拌蜂蜜和酒酿，搅拌融为一体，再上锅蒸。这菜的特点是嫩滑。火候不够容易老，蛋清太多也会老。

鹿尾

尹文端公品味，以鹿尾为第一。然南方人不能常得，从北京来者，又苦不鲜新。余尝得极大者，用茶叶包而蒸之，味果不同。其最佳处，在尾上一道浆耳①。

【注释】

①一道浆：鹿尾上端皮下脂肪醇厚的地方。

【译文】

尹文端公尝遍百味，在美食中把鹿尾列为第一。但鹿尾这东西南方人不能经常得到，从北京带来的，又苦于不新鲜。我曾得到一条很大的鹿尾，把它用茶叶包好后上锅蒸，味道果然不同。其最好吃的地方，是尾部那一块醇厚且丰腴的脂肪。

七、羽族单

【原典】

鸡功最巨，诸菜赖之。如善人积阴德而人不知。故令领羽族之首，而以他禽附之。作《羽族单》。

【译文】

鸡肉的功劳最大，很多菜肴都离不开它。如同善人积阴德，别人却不知晓。所以我将鸡排在羽族的第一位，而将其他禽类附在后面。以此顺序来作《羽族单》。

白片鸡

【原典】

肥鸡白片，自是太羹^①、玄酒之味^②。尤宜于下乡村、入旅店，烹饪不及之时，最为省便。煮时不可多。

【注释】

①太羹：指不加五味的肉汤，祭祀宗庙、上帝时用，以示纯洁。

②玄酒：指水。上古无酒，祭祀用水，以水代酒。水本无色，古人习以为黑色，故称玄酒。后引申为薄酒。

【译文】

肥鸡肉白片，就像是祭祀用的太羹、玄酒一样的天然本味。尤其适合在农村乡下，进旅店住宿等来不及烹饪的时候，白片鸡最为方便。煮时用水不可太多。

鸡松

【原典】

肥鸡一只，用两腿，去筋骨剁碎，不可伤皮。用鸡蛋清、粉纤、松子肉，同剁成

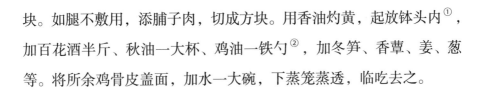

块。如腿不敷用，添脯子肉，切成方块。用香油灼黄，起放钵头内^①，加百花酒半斤、秋油一大杯、鸡油一铁勺^②，加冬笋、香蕈、姜、葱等。将所余鸡骨皮盖面，加水一大碗，下蒸笼蒸透，临吃去之。

【注释】

①起：指起锅。钵（bō）：形状像盆而较小的一种陶制器具，用来盛饭、菜等。

②百花酒：其原料系用糯米、细麦曲和近百种野花酿制而成，为江苏镇江的传统名酒，属于黄酒类。

【译文】

肥鸡一只，只用两腿。去掉筋骨后剁碎，不要碰破鸡皮。用鸡蛋清、淀粉、松子与鸡肉一起拌后切成块。如果鸡腿肉不够用，可添鸡胸脯肉切成方块。再用香油炸黄后起锅放碗里，加百花酒半斤，酱油一大杯，鸡油一铁勺，再加入冬笋、香菇、姜、葱等。将剩下的鸡骨、鸡皮盖在上面，加一大碗水，放在蒸笼里蒸透，吃的时候去掉鸡骨和鸡皮。

生炮鸡

【原典】

小雏鸡斩小方块①，秋油、酒拌，临吃时拿起，放滚油内灼之，起锅又灼，连灼三回，盛起，用醋、酒、粉纤、葱花喷之。

【注释】

①雏鸡：刚孵出的鸡。一般50天内皆为雏鸡。

【译文】

将小鸡切成小方块，用酱油、料酒搅拌，吃的时候拿出来，放入滚热的油锅内炸一下，起锅后再炸，如此连炸三次，盛起后，将醋、料酒、芡粉、葱花浇在上面。

鸡粥

【原典】

肥母鸡一只，用刀将两脯肉去皮细刮，或用刨刀亦可；只可刮刨，不可斩^①，斩之便不腻矣。再用余鸡熬汤下之。吃时加细米粉、火腿屑、松子肉，共敲碎放汤内。起锅时放葱、姜，浇鸡油，或去渣、或存渣滓，俱可。宜于老人。大概斩碎者去渣滓，刮刨者不去渣。

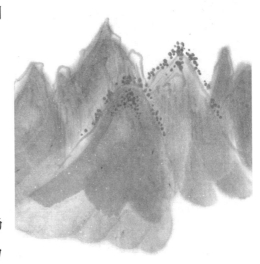

【注释】

①斩：砍，剁。

【译文】

用肥母鸡一只，用刀将两面胸脯肉去皮细刮，或用刨刀也行；只能刮和刨，不能用刀剁，剁了口感便不细腻了。再用余下来的鸡熬成汤，把鸡脯肉放入汤中。吃的时候，将细米粉、火腿屑、松子肉一起拍碎放入汤内。起锅时放入葱、姜，浇上鸡油。去渣或留渣都行。此鸡粥适宜老人食用。如果把鸡肉剁碎的话就要去渣，刮和刨的不用去渣。

焦鸡

肥母鸡洗净，整下锅煮。用猪油四两、茴香四个，煮成八分熟，再拿香油灼黄，还下原汤熬浓，用秋油、酒、整葱收起。临上片碎，并将原卤浇之，或拌蘸亦可。此杨中丞家法也。方辅兄家亦好。

【译文】

将肥母鸡一只宰杀洗净，整鸡下锅煮。放入猪油四两，茴香四个，煮到八成熟时，用香油炸至金黄色，再放回原汤熬浓后，加入酱油、料酒、整葱，收汤后起锅。临上桌前切片，并将原卤汁浇在上面，或者蘸调料吃也可以。这是杨中丞家的烹饪方法。方辅兄家做得也很好。

捶鸡

【原典】

将整鸡捶碎，秋油、酒煮之。南京高南昌太守家，制之最精。

【译文】

将整只鸡洗净捶碎，用酱油、料酒煨煮。南京高南昌太守家烹制的这道菜味道最美。

炒鸡片

【原典】

用鸡脯肉去皮，斩成薄片。用豆粉、麻油、秋油拌之，纤粉调之，鸡蛋清拌。临下锅，加酱、瓜、姜、葱花末。须用极旺之火炒。一盘不过四两，火气才透。

【译文】

将鸡脯肉去皮，切成薄片。加豆粉、麻油、酱油拌一下。再用芡粉调和，加入鸡蛋清拌匀。临下锅时，加

入酱、瓜、姜和葱花末。用最旺的火猛炒。一盘用肉最好不超过四两，这样火力才能将肉炒透。

蒸小鸡

【原典】

用小嫩鸡雏，整放盘中，上加秋油、甜酒、香蕈、笋尖，饭锅上蒸之。

【译文】

把整只的小雏鸡放在盘中，加上酱油、甜酒、香菇、笋尖，在饭锅上蒸熟。

酱鸡

【原典】

生鸡一只，用清酱浸一昼夜，而风干之。此三冬菜也。

【译文】

将一只鸡宰杀洗净后，用酱油浸泡一昼夜，捞起来风干。这是冬天的时令菜。

鸡丁

【原典】

取鸡脯子，切骰子小块，入滚油炮炒之^①，用秋油、酒收起；加荸荠丁^②、笋丁、香蕈丁拌之，汤以黑色为佳。

【注释】:

①炮炒：爆炒。

②荸荠：又称马蹄，肉白色，味甘美。

【译文】

把鸡子的胸脯肉，切成骰子大小的块，放入滚油里爆炒，加酱油、料酒收味起锅；再加荸荠丁、笋丁、香菇丁拌一下，汤呈黑色的为最佳。

鸡圆

【原典】

斩鸡脯子肉为圆，如酒杯大，鲜嫩如虾团。扬州臧八太爷家制之最精。法用猪油、萝卜、纤粉揉成，不可放馅。

【译文】

将鸡胸脯肉剁成肉酱做成肉丸，像酒杯一般大，其鲜嫩如虾丸。扬州臧八太爷家做的这道菜最精妙。做法是用猪油、萝卜、芡粉与剁碎的鸡肉揉捏而成，里面不放馅。

口蘑煨鸡

【原典】

口蘑菇四两，开水泡去砂，用冷水漂，牙刷擦，再用清水漂四次，用菜油二两炮透，加酒喷。将鸡斩块放锅内，滚去沫，下甜酒、清酱，煨八分功程，下蘑菇，再煨二分功程，加笋、葱、椒起锅，不用水，加冰糖三钱。

【译文】

选口蘑菇四两，用开水泡发去泥沙，用冷水漂洗，用牙刷擦洗，再用清水漂洗四次，用菜油二两爆炒，加点料酒。将鸡切块放入锅内滚煮，撇去浮沫，放入甜酒、清酱，煮到八成熟时，加入蘑菇，再继续煮二成工夫，加入笋、葱、椒过后起锅，不用加水，加进三钱冰糖。

梨炒鸡

【原典】

取雏鸡胸肉切片，先用猪油三两熬熟，炒三四次，加麻油一瓢，纤粉、盐花、姜汁、花椒末各一茶匙，再加雪梨薄片、香蕈小块，炒三四次起锅，盛五寸盘。

【译文】

将雏鸡胸脯肉切成片，先将三两猪油烧热，放入鸡肉片炒三四次，加麻油一瓢，芡粉、盐花、姜汁、花椒碎末各一茶匙，再加上雪梨薄片、香菇小块，炒三四次起锅，最好用五寸盘盛起。

假野鸡卷

【原典】

将脯子斩碎，用鸡子一个，调清酱郁之，将网油划碎，分包小包，油里炮透，再加清酱、酒作料，香蕈、木耳起锅，加糖一撮。

【译文】

将鸡脯肉剁碎，用一个鸡蛋和酱油搅拌后把鸡肉腌上，再将网油划成小块，将腌好的鸡肉包进网油，放进油里炸透，再加上酱油、料酒等作料，放入适量香菇、木耳后起锅，最后加一点糖。

黄芽菜炒鸡

【原典】

将鸡切块，起油锅生炒透，酒滚二三十次，加秋油后滚二三十次，下水滚。将菜切块，俟鸡有七分熟①，将菜下锅；再滚三分，加糖、葱、大料。其菜要另滚熟搀用。每一只用油四两。

【注释】

①俟（sì）：等待。

【译文】

将鸡肉切成块，放入油锅里炒透，加料酒翻炒二三十次；加酱油后再炒二三十次，加水煮开。将黄芽菜切成块后，等鸡肉七分熟时，将菜下锅，再烧至鸡全熟，加糖、葱、大料。黄芽菜要另外炒熟时才能搀用。每只鸡用油四两。

栗子炒鸡

随园食单全鉴

【原典】

鸡斩块，用菜油二两炮，加酒一饭碗，秋油一小杯，水一饭碗，煨七分熟；先将栗子煮熟，同笋下之，再煨三分起锅，下糖一撮。

【译文】

将鸡切成块，用菜油二两爆炒，加入一饭碗料酒，一小杯酱油，一饭碗水，煮到七分熟；将事先煮熟的栗子，同笋一起下锅，再煮至鸡肉全熟时起锅，加一点糖。

灼八块

【原典】

嫩鸡一只，斩八块，滚油炮透，去油，加清酱一杯、酒半斤，煨熟便起，不用水，用武火。

【译文】

选用嫩鸡一只，切成八块。在热油锅中炸透，沥干油，加入一杯酱油、半斤料酒，炖熟后起锅。炖时不要加水，用旺火煨煮。

珍珠团

【原典】

熟鸡脯子，切黄豆大块，清酱、酒拌匀，用干面滚满，入锅炒。炒用素油。

137

【译文】

将熟的鸡胸脯肉，切成黄豆粒大小，用酱油和料酒拌匀，放到干面粉里滚一下，放入锅中炒。炒时要用素油。

黄芪蒸鸡治瘵

【原典】

取童鸡未曾生蛋者杀之，不见水，取出肚脏，塞黄芪一两，架箸放锅内蒸之，四面封口，熟时取出[1]。卤浓而鲜，可疗弱症。

【注释】

①箸（zhù）：筷子。

【译文】

将一只没生过蛋的童子鸡宰杀，不要沾水，取出内脏，塞进一两黄芪，用筷子架在锅内蒸，锅盖四周要封严，蒸熟后取出来。汤汁浓稠而味鲜，可治疗体弱之症。

卤鸡

【原典】

囫囵鸡一只，肚内塞葱三十条、茴香二钱，用酒一斤、秋油一小杯半，先滚一枝香，加水一斤、脂油二两，一齐同煨；待鸡熟，取出脂油。水要用熟水，收浓卤一饭碗才取起；或拆碎，或薄刀片之，仍以原卤拌食。

【译文】

用整鸡一只，宰杀洗净，肚内塞入三十棵葱、二钱茴香，将一斤料酒、一小杯半的酱油，放入锅内先煮一炷香的时间，加放一斤水、二两猪油，一起煨煮；等鸡熟了，取出油脂。水要用开水，等浓稠的汤汁收为一碗时，方可出锅取鸡；吃时或手撕，或用薄刀切成片，仍用原汤拌着吃。

蒋鸡

【原典】

童子鸡一只，用盐四钱、酱油一匙、老酒半茶杯、姜三大片，放砂锅内，隔水蒸烂，去骨，不用水。蒋御史家法也。

【译文】

用童子鸡一只，用四钱盐、一匙酱油、半茶杯老酒、三大片姜，与鸡一起放到砂锅里面，隔着水蒸烂。吃时去掉骨头，不加水。这是蒋御史家的烹制方法。

唐鸡

【原典】

鸡一只，或二斤，或三斤。如用二斤者，用酒一饭碗、水三饭碗；用三斤者，酌添。先将鸡切块，用菜油二两，候滚熟，爆鸡要透。先用酒滚一二十滚，再下水约二三百滚，用秋油一酒杯，起锅时加白糖一钱。唐静涵家法也。

【译文】

选一只约两三斤重的鸡，如果用二斤重的，用一饭碗料酒，三饭碗水；用三斤重的，皆适当增加一点比例。先将鸡切成块，用二两菜油烧热，等油滚热时，将鸡爆透。然后用料酒煮滚一二十次，加水再煮开约二三百滚，此时加入一酒杯酱油，起锅时加一钱白糖。这是唐静涵家的做法。

鸡肝

【原典】

用酒、醋喷炒，以嫩为贵。

【译文】

炒鸡肝时要用料酒、醋爆炒，最重要的是要嫩。

鸡血

【原典】

取鸡血为条，加鸡汤、酱、醋、索粉作羹^①，宜于老人。

【注释】

①羹：用蒸、煮等方法烹制的糊状或带浓汁的食品。

【译文】

将凝固的鸡血切成条，加入鸡汤、酱、醋、粉丝做成羹汤，适合老人食用。

鸡丝

【原典】

拆鸡为丝，秋油、芥末、醋拌之。此杭州菜也。加笋、芹俱可。用笋丝、秋油、酒炒之亦可。拌者用熟鸡，炒者用生鸡。

【译文】

将煮熟的鸡肉撕成丝，用酱油、芥末、醋拌着吃。这是杭州菜。加笋或芹菜作配菜也可以。用笋丝、酱油、料酒炒鸡丝也可以。拌着吃就用熟鸡，炒着吃就用生鸡。

糟鸡

【原典】

糟鸡法，与糟肉同。

【译文】

做糟鸡的方法与做糟肉的方法相同。

鸡肾

【原典】

取鸡肾三十个，煮微熟，去皮，用鸡汤加作料煨之。鲜嫩绝伦。

【译文】

用鸡肾三十个，煮至微熟，去皮，用鸡汤加适量作料煨熟。味道鲜嫩无比。

鸡蛋

【原典】

鸡蛋去壳放碗中，将竹箸打一千回蒸之^①，绝嫩。凡蛋一煮而老，一千煮而反嫩。加茶叶煮者，以两炷香为度。蛋一百，用盐一两；五十，用盐五钱。加酱煨亦可。其他则或煎或炒俱可。斩碎黄雀蒸之，亦佳。

【注释】

①竹箸：竹筷子。

【译文】

将鸡蛋去壳打入碗中，用竹筷多次搅拌后上锅蒸，极其鲜嫩。蛋类一煮就老，但煮久了反而嫩。煮茶叶蛋，需要两炷香的时间（约一个半小时）。煮一百个鸡蛋用一两盐，五十个鸡蛋用五钱盐。加酱油煨煮也行。其他的吃法，或煎、或炒都可以。与斩碎的黄雀肉一起蒸，味道也很好。

野鸡五法

【原典】

野鸡披胸肉，清酱郁过①，以网油包，放铁衁上烧之。作方片可，作卷子亦可。此一法也。切片加作料炒，一法也。取胸肉作丁，一法也。尝家鸡整煨，一法也。先用油灼拆丝，加酒、秋油、醋，同芹菜冷拌，一法也。生片其肉，入火锅中，登时便吃，亦一法也。其弊在肉嫩则味不入，味入则肉又老。

【注释】

①郁过：此指腌制一番。

将野鸡的胸脯肉切下来，用酱油腌制一下，用网油包好放在铁套上烧烤。可以包成方片，也可以做成卷。这是一种做法。把野鸡胸脯肉切片加作料炒，也是一种方法。将野鸡胸脯肉切成丁炒，这又是一种方法。用做家鸡的办法整只煨煮，也是一种做法。先用油灼，然后切成丝，加入料酒、酱油、醋，与芹菜一起凉拌，也是一种吃法。野鸡胸脯肉切成片，下入火锅中，立马便吃，也是一种吃饭。这种吃法的弊端在于肉嫩则不够入味，入味了则又显得老了。

赤炖肉鸡

【原典】

赤炖肉鸡，洗切净，每一斤用好酒十二两、盐二钱五分、冰糖四钱，研酌加桂皮，同入砂锅中，文炭火煨之。倘酒将干，鸡肉尚未烂，每斤酌加清开水一茶杯。

【译文】

红炖肉鸡的方法是，先把鸡洗干净切好，每一斤鸡肉用十二两好酒、二钱五分盐、四钱冰糖，适量加入桂皮，一起放入砂锅中，用文炭火煨炖。如果酒快烧干，鸡肉还没有烂，按每斤鸡肉加一茶杯清水的比例酌情加水。

蘑菇煨鸡

【原典】

鸡肉一斤，甜酒一斤，盐三钱，冰糖四钱，蘑菇用新鲜不霉者，文火煨两枝线香为度。不可用水，先煨鸡八分熟，再下蘑菇。

【译文】

用鸡肉一斤，甜酒一斤，盐三钱，冰糖四钱，选用新鲜不霉的蘑菇，文火煨两炷香的时间（约一个半小时）。中途不能加水，煨至八成熟时，再放入蘑菇。

鸽子

【原典】

鸽子加好火腿同煨，甚佳。不用火腿，亦可。

【译文】

鸽子肉与优质火腿一起煨煮，味道极好。不用火腿也可以。

鸽蛋

【原典】

煨鸽蛋法，与煨鸡肾同。或煎食亦可，加微醋亦可。

【译文】

煨煮鸽蛋的方法与煨制鸡肾的方法一样。或者煎食也行，也可以加点醋。

野鸭

【原典】

野鸭切厚片，秋油郁过，用两片雪梨，夹住炮炒之。苏州包道台家制法最精^①，今失传矣。用蒸家鸭法蒸之，亦可。

【注释】

①道台：即道员，清代官名。

【译文】

将野鸭肉切成厚片，用酱油腌制一下，再用两片雪梨夹住鸭片爆炒。苏州包道台家做的这道菜最好，现已失传。用蒸家鸭办法蒸野鸭也可以。

蒸鸭

【原典】

生肥鸭去骨，内用糯米一酒杯，火腿丁、大头菜丁、香蕈、笋丁、秋油、酒、小磨麻油、葱花，俱灌鸭肚内，外用鸡汤放盘中，隔水蒸透。此真定魏太守家法也。

【译文】

将肥鸭宰杀后去掉骨头，再将一酒杯糯米、火腿丁、大头菜丁、香菇、笋丁、酱油、料酒、小磨麻油、葱花等，一同放进鸭肚内，装进盘中，外浇鸡汤，隔着水蒸透。这是真定魏太守家的烹制方法。

鸭糊涂

【原典】

用肥鸭，白煮八分熟，冷定去骨，拆成天然不方不圆之块，下原汤内煨，加盐三钱、酒半斤，捶碎山药，同下锅作纤，临煨烂时，再加姜末、香蕈、葱花。如要浓汤，加放粉纤。以芋代山药亦妙。

【译文】

将肥鸭用白水煮至八分熟，

冷透后去掉骨头，切成不方不圆的自然块状，放入原汤内煨，加盐三钱、料酒半斤，与捶碎的山药一起下锅作芡，待鸭肉快要煨烂时，加入姜末、香菇、葱花。如果想要汤浓稠，就放入淀粉勾芡。用芋头代替山药也很好。

卤鸭

【原典】

不用水，用酒，煮鸭去骨，加作料食之。高要令杨公家法也①。

【注释】

①高要：今广东省肇庆市辖区，地处肇庆市南部。

【译文】

不用水而用酒煮鸭，鸭子煮熟后去掉骨头，加作料拌着吃。这是高要县令杨公家的做法。

鸭脯

【原典】

用肥鸭，斩大方块，用酒半斤、秋油一杯、笋、香蕈、葱花闷之，收卤起锅。

【译文】

把肥鸭斩成大方块，加入料酒半斤、酱油一杯、笋、香菇、葱花焖煮，收净汤汁后起锅。

烧鸭

【原典】

用雏鸭，上叉烧之。冯观察家厨最精。

【译文】

将小嫩鸭，叉在铁叉上烧烤。这道菜冯观察的家厨做得最好。

挂卤鸭

【原典】

塞葱鸭腹，盖闷而烧。水西门许店最精①。家中不能作。有黄、黑二色，黄者更妙。

【注释】

①水西门：属于今南京市秦淮区。

【译文】

把葱塞进鸭肚子里，盖严锅盖焖烧。水西门许店最擅长做这道菜。一般家中很难制作。这种鸭有黄、黑两种颜色，黄的味道更好。

干蒸鸭

【原典】

杭州商人何星举家干蒸鸭。将肥鸭一只，洗净斩八块，加甜酒、秋油，淹满鸭面，放磁罐中封好，置干锅中蒸之；用文炭火，不用

水，临上时，其精肉皆烂如泥。以线香二枝为度。

【译文】

　　杭州商人何星举家干蒸鸭的做法是：将肥鸭一只，洗净后斩成八块，加入甜酒、酱油，淹没鸭面，放在瓷罐中封好，然后放到干锅中蒸；用文炭火慢蒸，不用加水，要上桌时，鸭肉都酥烂脱骨。蒸鸭的时间以两炷香（约一个半小时）为准。

野鸭团

【原典】

细斩野鸭胸前肉，加猪油微纤，调揉成团，入鸡汤滚之。或用本鸭汤亦佳。大兴孔亲家制之甚精。

【译文】

将野鸭的胸前肉剁细，加入猪油和芡粉略微调匀，然后揉制成团，放进鸡汤中煮。或者用煮这只鸭的鸭汤也好。大兴孔亲家烹制的这道菜非常好。

徐鸭

【原典】

顶大鲜鸭一只，用百花酒十二两、青盐一两二钱、滚水一汤碗，冲化去渣沫，再换冷水七饭碗，鲜姜四厚片（约重一两），同入大瓦盖钵内，将皮纸封固口①，用大火笼烧透大炭吉（约二文一个）；外用套包一个，将火笼罩定，不可令其走气。约早点时炖起，至晚方好。速则恐其不透，味便不佳矣。其炭吉烧透后^②，不宜更换瓦钵，亦不宜预先开看。鸭破开时，将清水洗后，用洁净无浆布拭干入钵。

【注释】

①皮纸：用桑树皮等制成的一种纸。纸质柔韧，薄而多孔。

②炭吉：古代烧火取暖的一种燃料。

【译文】

选用一只大而新鲜的鸭子，用百花酒十二两、青盐一两二钱、开水一汤碗，冲化后去掉渣沫，再加入冷水七饭碗，鲜姜四厚片，约重一两，一起放进大瓦盖盆内，用皮纸密封盆口，放在大火笼上烧透，用二文钱一个的大炭吉约十五个烧透；外面用一个套包，将火笼严严罩定，使它不走气。如果早餐时开始炖，到晚上才会炖好。时间短了炖不透，味道就不好。待炭烧透后，不要更换瓦盆，也不要预先打开看。鸭子宰杀破开后，要用清水冲洗干净，再用洁净无浆的布把鸭子擦干净后，才能放入瓦盆中。

煨麻雀

【原典】

取麻雀五十只，以清酱、甜酒煨之，熟后去爪脚，单取雀胸、头肉，连汤放盘中，甘鲜异常。其他鸟鹊俱可类推，但鲜者一时难得。薛生白常劝人："勿食人间豢养之物。"以野禽味鲜，且易消化。

【译文】

取麻雀五十只，放入酱油、甜酒煨制，熟后去掉脚爪，只留雀的胸肉和头，连同汤放入盘中，味道异常鲜美。其他飞禽都参照此法来烧制。但鲜活的鸟雀一般很难得到。薛生白先生常劝人们："不要吃人间豢养的东西。"他认为野禽鲜美，且容易消化。

煨鹌鹑、黄雀

【原典】

鹌鹑用六合来者最佳①，有现成制好者。黄雀用苏州糟，加蜜酒煨烂，下作料，与煨麻雀同。苏州沈观察煨黄雀，并骨如泥，不知作何制法。炒鱼片亦精。其厨馔之精，合吴门推为第一②。

【注释】

①六合：今江苏六合，位于南京北部。

②吴门：今江苏苏州。

【译文】

鹌鹑选用六合产的最好，也现成制作好的。黄雀用苏州糟，加些蜜酒炖烂，放作料的方法与煨麻雀相同。苏州沈观察煨制的黄雀，骨酥如泥，不知道是怎么制作的。他们家炒鱼片也很好。他们家厨师厨艺精湛，在整个苏州堪称为第一。

云林鹅

【原典】

倪《云林集》中，载制鹅法。整鹅一只，洗净后，用盐三钱擦其腹内，塞葱一帚[①]，填实其中，外将蜜拌酒通身满涂之，锅中一大碗酒、一大碗水蒸之，用竹箸架之，不使鹅身近水。灶内用山茅二束[②]，缓缓烧尽为度。俟锅盖冷后，揭开锅盖，将鹅翻身，仍将锅盖封好蒸之，再用茅柴一束，烧尽为度。柴俟其自尽，不可挑拨。锅盖用绵纸糊封[③]，逼燥裂缝，以水润之。起锅时，不但鹅烂如泥，汤亦鲜美。以此法制鸭，味美亦同。每茅柴一束，重一斤八两。擦盐时，搀入葱、椒末子，以酒和匀。《云林集》中，载食品甚多；只此一法，试之颇效，余俱附会。

【注释】

①一帚：一小把。

②束：捆。

③绵纸：一种用树木的韧皮纤维做的纸。

【译文】

　　元朝倪赞在所著的《云林集》中记载了烹鹅方法：将一只整鹅，清洗干净后，用三钱盐擦其鹅腹，然后在鹅肚内塞入一小把葱，再用蜂蜜与酒调拌后涂抹鹅的全身，锅中放一大碗酒和一大碗水，用竹筷子将鹅架起来蒸，不让鹅身接触水。灶膛内用二捆山茅草，慢慢地烧完为止。等到锅盖冷后揭开锅盖，将鹅翻身，仍将锅盖盖好了蒸，再用茅柴一捆，烧完为止。要等柴火自然燃尽，不可挑拨柴草。锅盖得用绵纸糊封，如有干燥裂

缝处，就用水来润湿它。这样起锅时，不但鹅烂如泥，汤也鲜美。用这方法烹饪鸭子，味道也同样鲜美。每捆茅柴，重一斤八两。擦盐时，盐里要掺入葱和花椒粉末，并用酒调匀。《云林集》中记载的食品有很多，只有这种烧鹅的方法，经尝试后觉得很有效，其余的皆牵强附会。

烧鹅

杭州烧鹅，为人所笑，以其生也，不如家厨自烧为妙。

【译文】

杭州的烧鹅总是被人们所笑，总觉得有没烧熟的感觉，还不如自己的家厨烧得好。

八、水族有鳞单

【原典】

鱼皆去鳞，惟鲥鱼不去。我道有鳞而鱼形始全。作《水族有鳞单》

【译文】

鱼都要去鳞，只有鲥鱼不用去鳞。我认为鱼有鳞形状才完整。所以作《水族有鳞单》。

边鱼

【原典】

边鱼活者^①，加酒、秋油蒸之，玉色为度。一作呆白色，则肉老而味变矣。并须盖好，不可受锅盖上之水气。临起加香蕈、笋尖。或

用酒煎，亦佳。用酒不用水，号"假鲥鱼"。

【注释】

①边鱼：即鳊鱼。

【译文】

边鱼选用鲜活的，加料酒、酱油蒸熟，蒸到鱼的颜色变成白玉一样为标准。如果蒸到呆白色，鱼肉则老而变味了。蒸鱼时一定要将锅盖盖好，不能让锅盖上的水汽滴到鱼上。起锅前加香菇、笋尖。或者用酒煎，味道也很好。用酒而不用水，号称"假鲥鱼"。

鲫鱼

【原典】

鲫鱼先要善买，择其扁身而带白色者，其肉嫩而松；熟后一提，肉即卸骨而下。黑脊浑身者，倔强槎枒①，鱼中之喇子也②，断不可食。照边鱼蒸法，最佳。其次煎吃，亦妙。拆肉下，可以作羹。通州人能煨之③，骨尾俱酥，号"酥鱼"，利小儿食。然总不如蒸食之得真味也。六合龙池出者，愈大愈嫩，亦奇。蒸时用酒不用水，稍稍用糖以起其鲜。以鱼之小大，酌量秋油、酒之多寡。

【注释】

①槎枒（chá yá）：此指鱼刺杂乱，错落不齐。

②喇子：此指鱼中怪类劣品。

③通州：今江苏南通。

【译文】

鲫鱼首先要会选购，挑选扁身而且带白色的，其肉质鲜嫩而松软；熟了后把鱼一提，鱼肉就会离骨脱落。鱼身黑脊浑圆的，肉块僵硬，鱼刺杂乱，是鲫鱼中的劣品，切莫吃它。蒸鲫鱼的方法与边鱼的蒸法一样，味道最好。其次是用油煎着吃，也很好。拆下鱼肉，还可以作羹。南通人会炖鱼，鱼骨、鱼尾都是酥的，号称"酥鱼"，适合小孩吃。但总不如蒸着吃能吃出鱼的真味。六合龙池出产的这种鱼，越大越鲜嫩，令人称奇。蒸鱼时用酒不用水，稍稍加些糖可以起到提鲜的作用。根据鱼的大小，酌量加酱油、料酒。

白鱼

【原典】

白鱼肉最细，用糟鲥鱼同蒸之，最佳①。或冬日微腌，加酒酿糟二日，亦佳。余在江中得网起活者，用酒蒸食，美不可言。糟之最佳，不可太久，久则肉木矣。

【注释】

①白鱼：属鲤科鱼类，俗称大白鱼、翘嘴白鱼。自然分布甚广，是我国南北水域常见的淡水鱼类。

【译文】

白鱼的肉最细嫩，用糟鲥鱼与白鱼一同蒸，味道最好。或者在冬天稍微腌制一下，加酒酿糟两天，味道也很美。我在长江中将网捞起的活白鱼，用酒蒸了吃，美不可言。做成糟鱼最好，但时间不能太长，放时间长了鱼肉就变木而失去鲜味了。

季鱼

【原典】

季鱼少骨①，炒片最佳。炒者以片薄为贵。用秋油细郁后，用纤粉、蛋清搂之②，入油锅炒，加作料炒之。油用素油。

【注释】

①季鱼：即鳜鱼。

②搂（lōu）：搅拌。

【译文】

季鱼骨头少，炒鱼片最好。炒的时候鱼片切得越薄越好。用酱油腌制后，用芡粉、蛋清调拌，入油锅炒，再加放作料。要用素油。

土步鱼

【原典】

杭州以土步鱼为上品^①，而金陵人贱之^②，目为虎头蛇，可发一笑。肉最松嫩。煎之、煮之、蒸之俱可。加腌芥作汤、作羹尤鲜。

【注释】

①土步鱼：又名沙鳢，此鱼冬日伏于水底，肉白如银，十分鲜嫩。

②金陵：今江苏南京。

【译文】

杭州人把土步鱼当作上等美食，而南京人则瞧不上这种鱼，把这种鱼看作是"虎头蛇"，让人发笑。土步鱼的肉最松嫩。无论是煎、煮、蒸都可以。加一些腌芥菜做汤、调羹，尤为鲜美。

鱼松

【原典】

用青鱼、鲩鱼^①蒸熟，将肉拆下，放油锅中灼之，黄色，加盐花、葱、椒、瓜、姜。冬日封瓶中，可以一月。

【注释】

①鲩鱼：即草鱼。

【译文】

将青鱼、鲩鱼蒸熟后，把肉拆下来，放到油锅中炸成黄色，然后加入适量的盐花、葱、花椒、瓜和姜。冬天封在瓶里，可以保存一个月。

鱼圆

【原典】

用白鱼、青鱼活者，破半钉板上，用刀刮下肉，留刺在板上；将肉斩化，用豆粉、猪油拌，将手搅之；放微微盐水，不用清酱，加葱、姜汁作团，成后，放滚水中煮熟撩起，冷水养之，临吃，入鸡汤、紫菜滚。

【译文】

将活的白鱼或青鱼，剖成两半，钉在砧板上，用刀刮下鱼肉，刺则留在板上；然后将鱼肉斩成肉糜，加进豆粉、猪油拌匀，再用手搅拌；少放点盐水，不用酱油，放葱、姜汁做成团后，放进滚水中煮熟捞起，放进冷水里存放，临吃时放入鸡汤、紫菜，烧开即可。

鱼片

【原典】

取青鱼、季鱼片，秋油郁之，加纤粉、蛋清，起油锅炮炒，用小盘盛起，加葱、椒、瓜、姜，极多不过六两，太多则火气不透。

【译文】

将青鱼、季鱼片用酱油腌制，加些芡粉和蛋清，将油锅烧热，把鱼片放入爆炒，用小盘盛起来，加适量葱、花椒、瓜、姜，鱼片最多不应超过六两，太多了火力不足炒不透。

连鱼豆腐

【原典】

用大连鱼①煎熟，加豆腐，喷酱水、葱、酒滚之，俟汤色半红起锅，其头味尤美。此杭州菜也。用酱多少，须相鱼而行。

【注释】

①连鱼：即鲢鱼。

【译文】

将大鲢鱼煎熟，加入豆腐，放入酱水、葱、料酒烧炖，等到汤半红时起锅，其鱼头的味道甚为鲜美，这是杭州菜。所用酱油多少，要根据鱼的大小而定。

醋搂鱼

【原典】

用活青鱼切大块，油灼之，加酱、醋、酒喷之，汤多为妙。俟①

熟即速起锅。此物杭州西湖上五柳居最有名，而今则酱臭而鱼败矣。甚矣！宋嫂鱼羹，徒存虚名，《梦粱录》②不足信也。鱼不可大，大则味不入；不可小，小则刺多。

【注释】

①俟（sì）：等待。

②《梦粱录》：南宋吴自牧著。成书于南宋末年，其中记录了不少关于民俗和民间食物的材料。

【译文】

把活的青鱼切成大块，用油煎炸，加入适量的酱、醋、料酒，汤多为好。等鱼块烧熟立刻起锅。这道菜以杭州西湖上五柳居餐馆做的最为有名，而今却因酱臭而鱼也败坏了。太可惜了！宋嫂鱼羹，也只剩虚名了。《梦粱录》中所记载的不足以相信。做这道菜，鱼不可太大，太大则不容易入味；也不可太小，太小则鱼刺多。

银鱼

【原典】

银鱼起水时，名"冰鲜"。加鸡汤、火腿汤煨之。或炒食，甚嫩。干者泡软，用酱水炒，亦妙。

【译文】

银鱼从水里捞出来时，晶莹剔透，所以称为"冰鲜"。银鱼可以加鸡汤、火腿汤来炖煮。也可以炒了吃，很鲜嫩。如果是银鱼干就先把它泡软，加上酱水炒，味道也很好。

台鲞

【原典】

台鲞好丑不一①，出台州松门者为佳，肉软而鲜肥。生时拆之，便可当作小菜，不必煮食也；用鲜肉同煨，须肉烂时放鲞，否则，鲞消化不见矣。冻之即为鲞冻，绍兴人法也。

【注释】

①鲞（xiǎng）：本义为剖开晾干的鱼，后泛指成片的腌腊食品。

【译文】

台鲞的质量好坏不一，以台州松门出产的为最好，肉质软嫩而鲜肥。将生鱼拆下肉，就可以当成小菜，不必煮熟吃；与鲜肉一起煨煮时，必须等肉烂熟时再放入鲞，否则鲞就被煮化了。做熟了冷冻后即为鲞冻，这是绍兴人的吃法。

糟鲞

【原典】

冬日用大鲤鱼，腌而干之，入酒糟，置坛中，封口，夏日食之。不可烧酒作泡，用烧酒者，不无辣味。

【译文】

冬天时将大鲤鱼腌过后让风吹干，然后加入酒糟，放入坛中，封好坛口，到夏天就可以吃了。不能用烧酒去浸泡，如果用烧酒泡，就会产生辣味。

虾子勒鲞

【原典】

夏日，选白净带子勒鲞^①，放水中一日，泡去盐味，太阳晒干，入锅油煎，一面黄，取起，以一面未黄者铺上虾子，放盘中，加白糖蒸之，以一炷香为度。三伏日食之，绝妙。

【注释】

①勒鲞：鳓鱼抹上盐晾晒而成的咸鱼干。鱼肉表面有盐，肉质不是特别干。

【译文】

夏日里，选白净带鱼子的鳓鱼干，放入水中浸泡一天，将咸味泡去后，让太阳晒干，放入锅里油煎，将一面煎黄后，出锅取起，在没黄的一面铺上虾子，放在盘中，加上白糖蒸一炷香的时间。三伏天吃这道菜，味道极美。

鱼脯

【原典】

活青鱼去头尾，斩小方块，盐腌透，风干，入锅油煎；加作料收卤，再炒芝麻滚拌起锅。苏州法也。

【译文】

活青鱼去掉头尾，鱼身切成小方块，用盐腌透后风干，放入锅中油煎；放作料后收卤汁，再加入炒芝麻趁热拌后起锅。这是苏州人的烹制方法。

家常煎鱼

【原典】

家常煎鱼，须要耐性。将鲩鱼洗净①，切块盐腌，压扁，入油中两面熯黄②，多加酒、秋油，文火慢慢滚之，然后收汤作卤，使作料之味全入鱼中。第此法指鱼之不活者而言。如活者，又以速起锅为妙。

173

【注释】

①鲩（huàn）鱼：生活在淡水中，是中国特产的重要鱼类之一。亦称"草鱼"。

②熯（hàn）：煎煮，烘烤。

【译文】

家常煎鱼，要有耐心。将鲩鱼洗净，切块后用盐腌上，压扁，然后放入油锅中将两面煎黄，多加些酒、酱油，用文火慢慢炖煮，然后收干汤汁作卤，让作料的味道全部渗入到鱼中。不过这种做法是针对不新鲜的鱼而言。如果是鲜活的鱼，应当是快速起锅为好。

黄姑鱼

【原典】

岳州①出小鱼，长二三寸，晒干寄来。加酒剥皮，放饭锅上，蒸而食之，味最鲜，号"黄姑鱼"。

八、水族有鳞单

【注释】

①岳州：今湖南岳阳地区。

【译文】

岳州出产一种小鱼，长约二三寸，有人把它晒成鱼干寄来。这种鱼的做法是将其剥皮后加酒，放在饭锅上蒸着吃，味道最为鲜美，叫作"黄姑鱼"。

九、水族无鳞单

鱼无鳞者，其腥加倍，须加意烹饪，以姜、桂胜之。作《水族无鳞单》

【译文】

没有鳞的鱼，比有鳞的鱼腥味加倍，必须特别用心烹制，要用生姜、桂皮来压住腥味。因此作《水族无鳞单》。

汤鳗

【原典】

鳗鱼最忌出骨，因此物性本腥重，不可过于摆布，失其天真，犹鲥鱼之不可去鳞也。清煨者，以河鳗一条，洗去滑涎，斩寸为段，入

176

磁罐中，用酒水煨烂，下秋油起锅，加冬腌新芥菜作汤，重用葱、姜之类，以杀其腥。常熟顾比部^①家，用纤粉、山药干煨，亦妙。或加作料，直置盘中蒸之，不用水。家致华分司^②蒸鳗最佳。秋油、酒四六兑，务使汤浮于本身。起笼时，尤要恰好，迟则皮皱味失。

【注释】

①比部：官职名，明清时用为刑部司法官的通称。

②分司：官职名，于盐运司下设分司，为管理盐务的官员。

【译文】

鳗鱼最忌讳剔去骨头烹制，因为这种鱼腥味重，不能随意烹制，容易失去本真味道，就像鲥鱼不可去鳞一样。清煨的话，可用河鳗一条，将其身上的黏液洗干净，切成寸段儿，放入瓷罐中，加料酒及水煨烂后，下酱油起锅，起锅时放些冬天新腌的芥菜作汤，要多用葱、姜之类的料品，以消除其腥味。常熟顾比部家，用芡粉、山药来干煨鳗鱼，也很好吃。或者加放作料，把鳗鱼直接放在盘中蒸，不加水。家致华分司蒸的鳗鱼最好。做法是将酱油和料酒按四六的比例混合，但一定要使汤盖过鱼身。起锅的时间，一定要掌握好，迟了鳗鱼皮就会起皱，味道也失真。

红煨鳗

【原典】

鳗鱼①用酒、水煨烂，加甜酱代秋油，入锅收汤煨干，加茴香、大料起锅。有三病宜戒者：一皮有皱纹，皮便不酥；一肉散碗中，箸夹不起；一早下盐豉，入口不化。扬州朱分司家，制之最精。大抵红煨者以干为贵，使卤味收入鳗肉中。

【注释】

①鳗鱼：又叫白鳝、白鳗、河鳗等，主要分布在中国长江、闽江、珠江流域、海南岛及江河湖泊中。

【译文】

将鳗鱼用酒和水煨煮到软烂，用甜酱代替酱油，下锅收汤煨干，加适量茴香、大料起锅。制作这道菜有三个问题应注意避免：一是鱼皮有皱纹，皮就不会酥；二是鱼肉散落在碗中，筷子夹不起来；三是盐和豆豉放早了，鱼肉入口则不化。扬州的朱分司家烹制的这道菜最为精妙。大体上红煨鳗鱼以汤汁收干为好，这样能使卤味都渗入到鳗鱼的肉中。

炸鳗

【原典】

择鳗鱼大者，去首尾，寸断之。先用麻油炸熟，取起；另将鲜蒿菜嫩尖入锅中，仍用原油炒透，即以鳗鱼平铺菜上，加作料，煨一炷香。蒿菜分量，较鱼减半。

【译文】

选取较大的鳗鱼，去掉头和尾，切成一寸左右的段。将鱼段先用麻油炸熟，出锅；将鲜蒿菜的嫩尖放入锅中，仍用原油炒透，将鳗鱼平铺在菜上面，加上作料后煨煮一炷香的时间。蒿菜的用量，约为鳗鱼的一半。

生炒甲鱼

【原典】

将甲鱼去骨，用麻油炮炒之，加秋油一杯、鸡汁一杯。此真定魏太守家法也。

将甲鱼的骨头剔去后，用麻油爆炒，炒的时候加入酱油一杯、鸡汁一杯。这是真定魏太守家的做法。

酱炒甲鱼

【原典】

将甲鱼煮半熟，去骨，起油锅炮炒，加酱水、葱、椒，收汤成卤，然后起锅。此杭州法也。

【译文】

将甲鱼煮至半熟后，去掉骨头，然后在油锅中爆炒，加入酱水、葱、花椒，待汤汁收干成卤后起锅。这是杭州人的做法。

带骨甲鱼

【原典】

要一个半斤重者，斩四块，加脂油三两，起油锅煎两面黄，加水、秋油、酒煨；先武火，后文火，至八分熟加蒜，起锅，用葱、姜、糖。甲鱼宜小不宜大，俗号"童子脚鱼"才嫩。

【译文】

选取一只半斤重的甲鱼，切成四块，在锅中放入猪油三两，将甲鱼块放入油锅煎至两面泛黄，加上水、酱油、料酒煨煮；先用旺火，后用慢火，待甲鱼至八成熟时加入蒜，起锅时再加放葱、姜、糖。做这道菜的甲鱼宜小不宜大，俗称"童子脚鱼"才鲜嫩。

青盐甲鱼

【原典】

斩四块，起油锅炮透。每甲鱼一斤，用酒四两、大茴香三钱、盐一钱半，煨至半好，下脂油二两；切小骰子块再煨，加蒜头、笋尖，起时用葱、椒，或用秋油，则不用盐。此苏州唐静涵家法。甲鱼大则老，小则腥，须买其中样者。

随园食单全鉴

【译文】

把甲鱼切成四块，放入油锅炸透。每一斤甲鱼，用料酒四两、大茴香三钱、盐一钱半，煨煮到半熟时，加入猪油二两；然后把甲鱼切成小骰子块，再煨煮，加进蒜头、笋尖，起锅时放入葱、花椒，入锅如用酱油，就不用盐。这是苏州唐静涵家的做法。甲鱼大了则肉老，太小的话则腥气重，应当买中等大小的。

汤煨甲鱼

【原典】

将甲鱼白煮，去骨拆碎，用鸡汤、秋油、酒煨，汤二碗收至一碗，起锅，用葱、椒、姜末糁之。吴竹屿家制之最佳。微用纤，才得汤腻。

【译文】

将甲鱼用白水煮熟，去掉骨头后拆成碎肉，用鸡汤、酱油、料酒一起煨煮，等汤从二碗炖至一碗时起锅，起锅时放入葱、花椒、姜末。吴竹屿家这道菜做得最好。做这道菜要稍微加点儿芡粉，能使汤变得浓稠。

全壳甲鱼

【原典】

山东杨参将家，制甲鱼去首尾，取肉及裙，加作料煨好，仍以原壳覆之。每宴客，一客之前以小盘献一甲鱼，见者悚然，犹虑其动。惜未传其法。

【译文】

山东杨参将家，制作这道菜时去掉甲鱼的头和尾，只取甲鱼肉及裙边，加上作料煨好后，仍然用原壳覆盖。每次宴请客人时，在每个客人面前用小盘摆放一甲鱼，客人乍见大吃一惊，还担心甲鱼会动。可惜他家没有传授其制作的方法。

鳝丝羹

【原典】

鳝鱼煮半熟，划丝去骨，加酒、秋油煨之，微用纤粉，用金针菜、冬瓜、长葱为羹。南京厨者辄制鳝为炭，殊不可解。

【译文】

将鳝鱼煮到半熟，去掉骨头，切成鳝丝，加入料酒、酱油煨煮，稍微用一点儿芡粉，用黄花菜、冬瓜、长葱做成羹。南京的厨师往往把鳝鱼烧得像木炭，真让人费解。

炒鳝

【原典】

拆鳝丝，炒之略焦，如炒肉鸡之法，不可用水。

【译文】

将鳝鱼切成丝，入锅炒得稍微干一些，如同炒肉鸡的方法，不能加水。

段鳝

【原典】

切鳝以寸为段，照煨鳗法煨之，或先用油炙，使坚，再以冬瓜、鲜笋、香蕈作配，微用酱水，重用姜汁。

把鳝鱼切成一寸左右的
段，按照煨鳗的方法烹制，
也可以先用油炸，使它变硬，
再用冬瓜、鲜笋、香菇作为
配料，稍微添加些酱水，多
放一点姜汁。

虾圆

【原典】

虾圆照鱼圆法，鸡汤煨
之，干炒亦可。大概捶虾时，
不宜过细，恐失真味。鱼圆
亦然。或竟剥虾肉，以紫菜
拌之，亦佳。

【译文】

做虾圆可参照做鱼丸的
方法，用鸡汤煨煮，干炒也
可以。捶虾时不要捶得太细，

避免失去虾的本味。做鱼圆也是这样。也可以直接剥出虾肉，用紫菜拌了吃，味道也很好。

虾饼

【原典】

以虾捶烂，团而煎之，即为虾饼。

【译文】

把虾肉捶烂，捏成团后放入油锅里煎，就成了虾饼。

醉虾

【原典】

带壳用酒炙黄，捞起，加清酱①、米醋煨之，用碗闷之。临食放盘中，其壳俱酥。

【注释】

①清酱：白酱油。

【译文】

将带壳的虾用料酒煎至微黄，捞出来，加上清酱、米醋一起煨煮，出锅后再用碗扣上焖。吃的时候把虾移到盘子里，连虾壳都是酥的。

炒虾

【原典】

炒虾照炒鱼法，可用韭配。或加冬腌芥菜，则不可用韭矣。有捶扁其尾单炒者，亦觉新异。

【译文】

炒虾参照炒鱼的方法，可用韭菜作配料。如果加冬天腌的芥菜来炒，就不可再用韭菜了。也有人把虾尾拍扁单独来炒的，也觉得新奇。

蟹

【原典】

蟹宜独食，不宜搭配他物。最好以淡盐汤煮熟，自剥自食为妙。蒸者味虽全，而失之太淡。

【译文】

蟹适合单独烹食，不适合与其他东西搭配。最好是用淡盐水煮熟，自己剥自己吃最妙。蒸煮虽然能保留蟹的全味，但缺点是口味太淡。

蟹羹

【原典】

剥蟹为羹，即用原汤煨之，不加鸡汁，独用为妙。见俗厨从中加鸭舌，或鱼翅，或海参者，徒夺其味而惹其腥，恶劣极矣！

【译文】

剥取蟹肉做羹，最好用原汤煨煮，不加鸡汁，单独烹制最好。曾见过一些平常的厨师往蟹中加鸭舌、鱼翅或海参，白白地夺了蟹的鲜味而染上了别的腥味，真是糟糕之极！

炒蟹粉

【原典】

以现剥现炒之蟹为佳，过两个时辰，则肉干而味失。

【译文】

做这道菜，以现剥出来现炒的蟹为好，如果过了四个小时，则蟹肉会变干而失去鲜味。

剥壳蒸蟹

【原典】

将蟹剥壳，取肉、取黄，仍置壳中，放五六只在生鸡蛋上蒸之。上桌时完然一蟹，惟去爪脚。比炒蟹粉觉有新式。杨兰坡明府，以南瓜肉拌蟹，颇奇。

【译文】

将蟹剥壳,取出蟹肉和蟹黄,再放回蟹壳中,把五六只蟹放在生鸡蛋上蒸熟。上桌时像是一只完整的蟹,只是没有脚爪。这菜比炒蟹粉更有新意。杨兰坡明府家里,用南瓜肉来拌蟹肉,非常新奇。

蛤蜊

【原典】

剥蛤蜊肉,加韭菜炒之,佳。或为汤亦可。起迟便枯。

【译文】

剥出蛤蜊肉,加入韭菜炒,很美。用来做汤也可以。但出锅要快,起锅迟了肉就变老了。

蚶

【原典】

蚶有三吃法:用热水喷之,半熟去盖,加酒、秋油醉之;或用鸡汤滚熟,去盖入汤;或全去其盖,作羹亦可。但宜速起,迟则肉枯。

蚶出奉化县，品在车螯、蛤蜊之上。

【译文】

　　蚶有三种吃法：用热水烫一下，半熟时去掉盖，加入料酒、酱油浸泡；也可以用鸡汤煮熟，去盖入汤；或者去掉盖子，做汤也可以。但起锅要及时，迟了肉会变老。蚶产于奉化县，口感在车螯、蛤蜊之上。

车螯

【原典】

　　先将五花肉切片，用作料焖烂。将车螯洗净，麻油炒，仍将肉片连卤烹之。秋油要重些，方得有味。加豆腐亦可。车螯从扬州来，虑坏，则取壳中肉，置猪油中，可以远行。有晒为干者，亦佳。入鸡汤烹之，味在蛏干之上。捶烂车螯做饼，如虾饼样煎吃，加作料亦佳。

【译文】

　　先将五花肉切成片，加上作料焖烂。把车螯洗净，用麻油炒，再将肉片连同卤汁与车螯一起煮。酱油要多放些，才更入味。加豆腐也可以。车螯从扬州运来，如果怕路上坏掉，就取出壳中的肉，放在猪油中，就可以长途运输了。有人把车螯晒制成干货，味道也不错。如果放在鸡汤里煮，味道比蛏干还好。把车螯捶烂做饼，像做虾饼那样煎着吃，加作料，味道也很好。

程泽弓蛏干

【原典】

程泽弓商人家制蛏干，用冷水泡一日，滚水煮两日，撤汤五次。一寸之干，发开有二寸，如鲜蛏一般，才入鸡汤煨之。扬州人学之，俱不能及。

【译文】

程泽弓商人家制作的蛏干，是先用冷水泡一天，再用开水煮两天，其间更换五次水。如此，一寸长的蛏干，可以涨发到二寸长，就如同鲜蛏一样，然后放进鸡汤里煨煮。扬州人效仿这种做法，但都比不上程家做得那么好。

鲜蛏

【原典】

烹蛏法与车螯同，单炒亦可。何春巢家蛏汤豆腐之妙，竟成绝品。

【译文】

烹制蛏子的方法与烹制车螯的方法一样，单独炒了吃也可以。何春巢家烹制的蛏汤豆腐非常好，可谓是极品。

水鸡

【原典】

水鸡去身用腿，先用油灼之，加秋油、甜酒、瓜、姜起锅。或拆肉炒之，味与鸡相似。

【译文】

把青蛙的身子去掉只留蛙腿，先用油炒一下，再加酱油、甜酒、酱瓜和姜烧熟起锅。或是取青蛙肉炒着吃，味道与鸡肉相似。

熏蛋

【原典】

将鸡蛋加作料煨好，微微熏干，切片放盘中，可以佐膳。

【译文】

将鸡蛋加上作料煨好，稍稍熏干，切成片放在盘子里，可以作为下饭的小菜。

茶叶蛋

【原典】

鸡蛋百个，用盐一两，粗茶叶煮两枝线香为度。如蛋五十个，只用五钱盐，照数加减。可作点心。

【译文】

一百个鸡蛋，用盐一两，将鸡蛋与粗茶叶一起煮两炷香的时间。如果是五十个鸡蛋，就只需要五钱盐，用盐量按照这个比例加减。做成的茶叶蛋可作点心。

十、杂素菜单

【原典】

菜有荤素，犹衣有表里也。富贵之人嗜素甚于嗜荤。作《素菜单》。

【译文】

菜品有荤素之分，如同衣服有表有里一样。富贵之人，喜欢吃素菜要胜过吃荤菜。因而作《素菜单》。

蒋侍郎豆腐

【原典】

豆腐两面去皮，每块切成十六片，晾干，用猪油热灼，清烟起才下豆腐，略洒盐花一撮，翻身后，用好甜酒一茶杯，大虾米一百二十

个；如无大虾米，用小虾米三百个；先将虾米滚泡一个时辰，秋油一小杯，再滚一回，加糖一撮，再滚一回，用细葱半寸许长，一百二十段，缓缓起锅。

【译文】

将豆腐两面去皮，每块都切成十六片，晾干。将猪油烧至起清烟时放入豆腐，稍微撒一点点盐，将豆腐翻面，加入优质甜酒一茶杯、大虾米一百二十个；如果没有大虾米，就用小虾米三百个；先将虾米用开水泡两个小时，然后加放酱油一小杯，煎炒一下，加一点糖，再煎炒一会儿，将半寸长的细葱，约一百二十段放入锅中，然后慢火起锅。

杨中丞豆腐

【原典】

用嫩豆腐，煮去豆气，入鸡汤，同鳆鱼①片滚数刻，加糟油、香蕈起锅。鸡汁须浓，鱼片要薄。

【注释】

①鳆鱼：又名鲍鱼，其肉质细腻，味道鲜美，营养丰富，是一种高蛋白低脂肪的保健食品。

【译文】

取用嫩豆腐，煮去豆腥味，放入鸡汤中，与鲍鱼片一起煮一会儿，加糟油、香菇起锅。鸡汁必须浓，鲍鱼片要切得薄。

张恺豆腐

【原典】

将虾米捣碎，入豆腐中，起油锅，加作料干炒。

【译文】

将虾米捣碎，放进豆腐中，起锅将油烧热，加作料干炒。

庆元豆腐

【原典】

将豆豉一茶杯，水泡烂，入豆腐同炒起锅。

【译文】

将豆豉一茶杯，用水泡烂后，与豆腐一同炒熟后起锅。

芙蓉豆腐

【原典】

用腐脑，放井水泡三次，去豆气，入鸡汤中滚，起锅时加紫菜、虾肉。

【译文】

将豆腐脑放入井水中泡，换水三次，除去黄豆的腥气味，再放入鸡汤中滚煮，临起锅时加一些紫菜和虾肉。

王太守八宝豆腐

【原典】

用嫩片切粉碎，加香蕈屑、蘑菇屑、松子仁屑、瓜子仁屑、鸡屑、火腿屑，同入浓鸡汁中，炒滚起锅。用腐脑亦可。用瓢不用箸。孟亭太守云："此圣祖赐徐健庵尚书方也。尚书取方时，御膳房费

一千两。"太守之祖楼村先生为尚书门生，故得之。

【译文】

将嫩豆腐片切碎，加入切碎的香菇、蘑菇、松子仁、瓜子仁、鸡肉、火腿等，一起放进浓鸡汁中，炒熟后起锅。这道菜用豆腐脑制作也可以。吃的时候用勺而不用筷子。孟亭太守说："这是康熙皇帝赐给徐健庵尚书的菜谱。尚书取菜谱时，支付给御膳房一千两银子的费用。"王太守的祖父楼村先生是徐健庵尚书的学生，因此能得到了这个烹制秘诀。

程立万豆腐

【原典】

乾隆廿三年，同金寿门①在扬州程立万家食煎豆腐，精绝无双。其腐两面黄干，无丝毫卤汁，微有车螯鲜味，然盘中并无车螯及他杂物也。次日告查宣门②，查曰："我能之，我当特请。"已而，同杭堇莆③同食于查家，则上箸大笑，乃纯是鸡、雀脑为之，并非真豆腐，肥腻难耐矣。其费十倍于程，而味远不及也。惜其时，余以妹丧急归，不及向程求方。程逾年亡。至今悔之。仍存其名，以俟再访。

【注释】

①寿门：官职名，掌管城门开启的官员。

②宣门：官职名，掌管城门开启的官员。

③杭堇莆：清代经学家、史学家、文学家、藏书家。字大宗，号堇浦，别号智光居士、秦亭老民、春水老人、阿骏，室名道古堂，仁和（今浙江杭州）人。

【译文】

　　乾隆二十三年，我与金寿门一起在扬州程立万家吃煎豆腐，味道真是精妙绝伦，独一无二。其豆腐两面颜色酥黄，没有一点卤汁，还有些车螯的鲜味，然而盘中并没有车螯及其他配菜。第二天我告诉了查宣门，查说："我会做这道菜，一定请你们品尝。"过后，我与杭州堇莆同在查家吃饭品尝这个菜，刚用筷子夹起我就大笑，原来全都是用鸡脑、雀脑做的，并非真豆腐，真是肥腻难吃啊。费用比程家的菜多出十倍，而味道却远不及程家的豆腐。可惜当时我因妹妹去世，急着赶回家奔丧，来不及向程家求教烹制方法。过了一年，程立万就去世了。我至今还在后悔没有得到这道菜的做法。现在我只是保存这个菜的名称，等有机会再寻访这一做法。

冻豆腐

【原典】

将豆腐冻一夜，切方块，滚去豆味，加鸡汤汁、火腿汁、肉汁煨之。上桌时，撤去鸡、火腿之类，单留香蕈、冬笋。豆腐煨久则松，面起蜂窝，如冻腐矣。故炒腐宜嫩，煨者直老。家致华分司，用蘑菇煮豆腐，虽夏月亦照冻腐之法，甚佳。切不可加荤汤，致失清味。

【译文】

将豆腐冻一夜，切成方块，用开水煮去豆腥味，加入鸡汤汁、火腿汁、肉汁一起煨煮。上桌时，撤去鸡、火腿之类东西，只留香菇、冬笋。豆腐煨煮的时间长会松散，表面起蜂窝眼，如同冻豆腐一样。因此，炒的豆腐宜嫩，炖的豆腐宜老。家致华分司的家里用蘑菇与豆腐同煮，即使是夏天，也按照冻豆腐的方法做，非常好。千万不可加荤汤，否则会失去清香的味道。

虾油豆腐

【原典】

取陈虾油，代清酱炒豆腐，须两面煎黄。油锅要热，用猪油、葱、椒。

【译文】

取用陈年虾油，替代酱油炒豆腐，将豆腐两面煎酥黄。油锅要热，作料用猪油、葱和花椒。

蓬蒿菜

【原典】

取蒿尖，用油灼，放鸡汤中滚之，起时加松菌①百枚。

【注释】

①松菌：即松茸，学名松口蘑，别名松蕈、合菌、台菌，具有独特的浓郁香味。

【译文】

取用蓬蒿菜的嫩尖，下油锅炒，再放进鸡汤煨煮，起锅时加入一百个松茸。

蕨菜

【原典】

用蕨菜不可爱惜，须尽去其枝叶，单取直根，洗净煨烂，再用鸡肉汤煨。必买矮弱者才肥。

【译文】

用蕨菜烹饪，不要舍不得，必须把老枝叶都全部去掉，只留下嫩茎，清洗干净后煨煮，再用鸡肉汤来炖。此菜应选取矮小嫩弱的蕨菜口感才肥嫩美味。

葛仙米

【原典】

将米细捡淘净，煮半烂，用鸡汤、火腿汤煨。临上时，要只见

米，不见鸡肉、火腿搀和才佳。此物陶方伯家，制之最精。

【译文】

将水木耳仔细挑选洗净，煮到半烂的时候，用鸡汤、火腿汤煨煮。临上桌时，要只见水木耳，不见鸡肉、火腿掺在其中最好。这道菜陶方伯家做得最为精妙。

羊肚菜

【原典】

羊肚菜出湖北，食法与葛仙米同。

【译文】

羊肚菜主要出自于湖北，制作方法与葛仙米一样。

石发

【原典】

制法与葛仙米同。夏日用麻油、醋、秋油拌之，亦佳。

【译文】

烹制方法与葛仙米一样。夏天用麻油、醋、酱油凉拌吃，也很好。

珍珠菜

【原典】

制法与蕨菜同。上江新安所出。

【译文】

制作方法与蕨菜一样。出产于新安江上游。

素烧鹅

【原典】

煮烂山药，切寸为段，腐

皮包，入油煎之，加秋油、酒、糖、瓜、姜，以色红为度。

【译文】

　　将山药煮烂，切成一寸左右的长段，用豆腐皮包住，放入油锅里煎炸，加入酱油、料酒、糖、瓜、姜，烧到颜色变成红色为标准。

韭

【原典】

　　韭，荤物也。专取韭白，加虾米炒之便佳。或用鲜虾亦可，蚬亦可，肉亦可。

【译文】

　　韭菜，属于搭配荤菜的类型。专用韭菜茎嫩白的部分，加入虾米炒味道很好。或者是用鲜虾搭配也行，加蚬肉搭配也行，猪肉也可以。

芹

【原典】

芹，素物也，愈肥愈妙。取白根炒之，加笋，以熟为度。今人有以炒肉者，清浊不伦。不熟者，虽脆无味。或生拌野鸡，又当别论。

【译文】

芹菜，属于素菜，长得越大越好。选取白茎炒着吃，加入笋，以炒熟为准。现在有人用芹菜来炒肉，简直是清浊不分。如果炒得不熟，口感虽然脆但没有味道。也可以用芹菜生拌野鸡肉，则可另当别论了。

豆芽

【原典】

豆芽柔脆，余颇爱之。炒须熟烂，作料之味，才能融洽。可配燕窝，以柔配柔，以白配白故也。然以极贱而陪极贵，人多嗤之。不知惟巢、由正可陪尧、舜耳。

【译文】

　　豆芽柔软脆嫩，我很喜欢。此菜烹炒时必须炒得熟烂，作料的味道才能融进菜中。豆芽可以配燕窝，这是出于以柔配柔，以白配白的缘故。然而用非常便宜的东西去配非常昂贵的东西，总是被许多人嘲笑。殊不知只有巢父和许由那样的隐士才能与尧、舜那样的圣君相配。

茭白

【原典】

　　茭白炒肉、炒鸡俱可。切整段，酱、醋炙之，尤佳。煨肉亦佳。须切片，以寸为度，初出太细者无味。

【译文】

　　茭白炒猪肉、炒鸡肉都可以。把茭白切成段，加入酱、醋清炒，味道特别好。茭白煨肉也很好。但须切成片，以一寸长为标准，刚长出的太细嫩的茭白没有什么味道。

青菜

【原典】

青菜择嫩者，笋炒之。夏日，芥末拌，加微醋，可以醒胃。加火腿片，可以作汤。亦须现拔者才软。

【译文】

青菜要选择嫩的，与竹笋一起炒。夏天的时候，用芥末凉拌，稍加点醋，可以开胃。加些火腿片，也可以做成汤。但必须是现拔的青菜才鲜嫩。

台菜

【原典】

炒台菜心最懦[1]，剥去外皮，入蘑菇、新笋做汤。炒食加虾肉，亦佳。

【注释】

①懦（nuò）：柔嫩，柔软。

【译文】

炒台菜心最柔嫩，可剥去台菜的外皮，放入蘑菇、新笋做成汤。或者加虾肉炒着吃，味道也很好。

白菜

【原典】

白菜炒食，或笋煨亦可。火腿片煨、鸡汤煨俱可。

【译文】

白菜炒着吃，或者用冬笋煨熟也可以。与火腿片煨煮、放入鸡汤中煨煮也可以。

黄芽菜

【原典】

此菜以北方来者为佳。或用醋搂，或加虾米煨之，一熟便吃，迟则色、味俱变。

【译文】

黄芽菜以北方出产的为上等品。可以用醋熘，也可以加虾米煨，一旦熟了就立刻吃，时间长了颜色、味道都会变。

瓢儿菜

【原典】

炒瓢菜①心，以干鲜无汤为贵。雪压后更软。王孟亭太守家，制之最精。不加别物，宜用荤油。

【注释】

①瓢菜：油菜。

【译文】

炒油菜心，出菜成品以干鲜、无汤为好。被雪压过的油菜炒出来更为软嫩。王孟亭太守家做的这个菜最精致。不用加放其他食材，适宜用荤油来炒。

菠菜

【原典】

菠菜肥嫩，加酱水、豆腐煮之。杭人名"金镶白玉板"是也。如此种菜虽瘦而肥，可不必再加笋尖、香蕈。

【译文】

菠菜肥嫩，可加入酱水、豆腐一起煮着吃。杭州人称为"金镶白玉板"的就是这个菜。菠菜虽然长得细长但叶片肥嫩，不需加入笋尖、香菇。

蘑菇

【原典】

蘑菇不止做汤，炒食亦佳。但口蘑最易藏沙，更易受霉，须藏之得法，制之得宜。鸡腿蘑便易收拾，亦复讨好。

【译文】

蘑菇不仅可以做汤，炒着吃也很好。但口蘑里面最容易夹藏沙泥，更容易受霉变质，必须储存得法，烹制得当。鸡腿蘑比较容易收拾，也容易做出美味佳肴。

松蕈

【原典】

松蕈^①加口蘑炒最佳，或单用秋油泡食，亦妙，惟不便久留耳。置各菜中，俱能助鲜，可入燕窝作底垫，以其嫩也。

【注释】

①松蕈（xùn）：蕈的一种，菌盖呈伞形，底部呈管状。生长在松树林里，有特殊的香味。

【译文】

松蕈加口蘑同炒最好，或者只用酱油浸泡后吃，也很好。只是不能存放太久。将它放入其他菜肴中，都能起到增加鲜味的作用，可以加入燕窝这道菜作底垫，这是因为它细嫩的特点。

面筋二法

【原典】

一法：面筋入油锅炙枯，再用鸡汤、蘑菇清煨。一法：不炙，用水泡，切条入浓鸡汁炒之，加冬笋、天花。章淮树观察家制之最精。上盘时宜手撕，不宜光切。加虾米泡汁，甜酱炒之，甚佳。

【译文】

一种吃法是：将面筋放入油锅炸干炸透，再用鸡汤、蘑菇清炖。另一种方法是：不炸，先用水泡，切条后加入浓鸡汁炒之，再加入冬笋、天花菜等。章淮树观察家制作这道菜最精致。上盘时适合手撕，不适合用刀切。加入虾米泡汁后，放些甜酱炒，味道也非常好。

茄二法

【原典】

吴小谷广文家，将整茄子削皮，滚水泡去苦汁，猪油炙之。炙时须待泡水干后，用甜酱水干煨，甚佳。卢八太爷家，切茄作小块，不去皮，入油灼微黄，加秋油炮炒，亦佳。是二法者，俱学之而未尽其妙，惟蒸烂划开，用麻油、米醋拌，则夏间亦颇可食。或煨干作脯，置盘中。

【译文】

吴小谷广文家做茄子的方法是，将整个茄子削皮，用开水泡去苦汁后，再用猪油煎炸。炸之前一定要等泡的水晾干，再用甜酱水干煨，这种做法很好吃。卢八太爷家的烹制方法是，将茄子切成小块，不去皮，在油锅里煎至微黄，再加酱油爆炒，也很好。这两种做法，我都学过但没有掌握精髓，只有将茄子蒸熟划开，用麻油、米醋调拌，这菜在夏天吃很适宜。或是炖干做成茄脯，放在盘中。

苋羹

【原典】

苋须细摘嫩尖，干炒，加虾米或虾仁，更佳。不可见汤。

【译文】

苋菜要仔细摘下嫩尖，进行干炒。如加些虾米或虾仁，味道更好。但炒时不能有汤汁。

芋羹

【原典】

芋性柔腻，入荤入素俱可。或切碎作鸭羹，或煨肉，或同豆腐加酱水煨。徐兆璜明府家，选小芋子入嫩鸡煨汤，妙极！惜其制法未传。大抵只用作料，不用水。

【译文】

芋头的特性柔腻，荤素搭配都可以。有的人将芋头切碎放入鸭羹中，有的人用来煨肉，还有人将其与豆腐放在一起加酱和水煨。徐兆璜明府家，挑选柔腻的小芋子，与嫩鸡一起煨煮汤，味美之极！可惜这种做法没有流传下来。我猜想大概是只用作料，不用放水。

豆腐皮

【原典】

将腐皮泡软，加秋油、醋、虾米拌之，宜于夏日。蒋侍郎家入海参用，颇妙。加紫菜、虾肉作汤，亦相宜。或用蘑菇、笋煨清汤，亦佳。以烂为度。芜湖敬修和尚，将腐皮卷筒切段，油中微炙，入蘑菇煨烂，极佳。不可加鸡汤。

【译文】

将豆腐皮在水中泡软，加上适量的酱油、醋、虾米凉拌，很适合在夏季食用。蒋侍郎家在海参中加豆腐皮，味道很好。加紫菜、虾肉做汤，也很合适。或是与蘑菇、笋一起煨汤也不错。以豆腐皮煮烂为标准。芜湖敬修和尚，将豆腐皮卷成筒后切段，放入油锅中稍微炸一下，再加入蘑菇一同煨烂，极好。但不可加入鸡汤。

扁豆

【原典】

取现采扁豆，用肉、汤炒之，去肉存豆。单炒者油重为佳。以肥软为贵。毛糙而瘦薄者，瘠土所生，不可食。

【译文】

将采摘的扁豆，用猪肉、加少许高汤炒，烧熟后去掉肉只留扁豆。清炒时最好多放一些油为好。挑选扁豆以肥、软的为好。毛糙而瘦薄的豆荚，是贫瘠土生长的扁豆，不好吃。

瓠子、黄瓜

【原典】

将鲩鱼切片先炒，加瓠子，同酱汁煨。王瓜亦然。

【译文】

将鲩鱼切成片先炒一下，再加入瓠瓜，用酱汁来煨煮。黄瓜也可这样做。

煨木耳、香蕈

【原典】

扬州定慧庵僧，能将木耳煨二分厚，香蕈煨三分厚。先取蘑菇熬汁为卤。

【译文】

扬州定慧庵僧人，能将木耳煨成二分厚，香菇煨成三分厚。方法是先用蘑菇熬卤汁。

冬瓜

【原典】

冬瓜之用最多，拌燕窝、鱼肉、鳗、鳝、火腿皆可。扬州定慧庵所制尤佳。红如血珀，不用荤汤。

【译文】

冬瓜的食用方法很多，与燕窝、鱼肉、鳗、鳝及火腿一起拌都可以。扬州定慧庵所烹制的这道菜尤其好。颜色犹如红褐色的琥珀，不加入荤汤。

煨鲜菱

【原典】

煨鲜菱，以鸡汤滚之。上时将汤撤去一半，池中现起者才鲜，浮水面者才嫩。加新栗、白果煨烂，尤佳。

或用糖亦可。作点心亦可。

【译文】

　　煨煮鲜菱的方法是，用鸡汤烧煮。临上桌时将汤撇去一半，在水塘中现摘的才是鲜菱，浮出水面的才嫩。做菜时加入新出产的栗子、白果一同煨烂，味道更好。或者用糖水煨煮也可以。做点心也行。

豇豆

【原典】

豇豆炒肉，临上时，去肉存豆。以极嫩者，抽去其筋。

【译文】

　　用豇豆炒肉，临上菜时，去掉肉只留豇豆在盘中。选用最嫩的豇豆，抽去豇豆的边筋。

煨三笋

【原典】

将天目笋、冬笋、问政笋①，煨入鸡汤，号"三笋羹"。

【注释】

①问政笋：即杭州笋。

【译文】

将天目笋、冬笋和杭州笋，一起放入鸡汤煨煮，称为"三笋羹"。

芋煨白菜

【原典】

芋煨极烂，入白菜心，烹之，加酱水调和，家常菜之最佳者。惟白菜须新摘肥嫩者，色青则老，摘久则枯。

【译文】

　　把芋头煨至软烂，放入白菜心，一同焖煮，稍加一些酱水调和，就成了最好的家常菜。只是白菜要用新摘下的才肥嫩，颜色青的便老了，白菜摘下时间长了叶片就会干枯。

香珠豆

【原典】

　　毛豆至八九月间晚收者，最阔大而嫩，号"香珠豆"。煮熟，以秋油、酒泡之。出壳可，带壳亦可，香软可爱。寻常之豆，不可食也。

【译文】

　　八九月间晚收的毛豆，豆粒阔大而鲜嫩，被称为"香珠豆"。煮熟后，放在酱油、料酒中浸泡即成。去壳吃可以，带壳吃也可以，香软可爱。一般的豆子与之相比，就不值得吃了。

马兰

【原典】

马兰头菜，摘取嫩者，醋合笋拌食。油腻后食之，可以醒脾。

【译文】

马兰头菜，选取鲜嫩的，加入醋配笋拌着吃。吃了油腻的食物之后吃它，可以醒脾胃。

杨花菜

【原典】

南京三月有杨花菜，柔脆与菠菜相似，名甚雅。

【译文】

南京三月间所产杨花菜，柔脆如同菠菜一样。菜名也很雅致。

问政笋丝

问政笋，即杭州笋也。徽州人送者，多是淡笋干，只好泡烂切丝，用鸡肉汤煨用。龚司马取秋油煮笋，烘干上桌，徽人食之，惊为异味。余笑其如梦之方醒也。

【译文】

问政笋，就是杭州笋。徽州人当作礼物送人的，大多是淡笋干，最好是用水泡软后切成丝，再用鸡肉汤炖熟后吃。龚司马用酱油煮笋，烘干后上桌，徽州人吃了，惊叹此菜的味道有奇异之美。我看他们如梦方醒的神态很好笑。

炒鸡腿蘑菇

【原典】

芜湖大庵和尚，洗净鸡腿，蘑菇去沙，加秋油、酒炒熟，盛盘宴客，甚佳。

【译文】

芜湖大庵的和尚，把鸡腿冲洗干净，除去蘑菇上的泥沙，加入酱油、料酒一起炒熟，盛到盘中招待客人，味道非常好。

猪油煮萝卜

【原典】

用熟猪油炒萝卜，加虾米煨之，以极熟为度。临起加葱花，色如玉。

【译文】

用熟猪油炒萝卜，再加入虾米煨煮，以熟烂为准。临起锅时加入葱花，萝卜的颜色看起来就像玉一样漂亮。

十一、小菜单

【原典】

小菜佐食，如府史胥徒佐六官也。醒脾解浊，全在于斯。作《小菜单》。

【译文】

小菜用来佐食，就像官府中小吏和衙役辅助高级官员一样。醒脾胃，去除体内浊气，全在于小菜。因此特作《小菜单》。

笋脯

【原典】

笋脯出处最多，以家园所烘为第一。取鲜笋加盐煮熟，上篮烘之。须昼夜环看，稍火不旺则溲①矣。用清酱者色微黑。春笋、冬笋皆可为之。

【注释】

①溲（sōu）：变色变味之意。

【译文】

出产笋脯的地方很多，一般以自家园林里烘烤的为最好。取新鲜的竹笋加盐煮熟后，上篮烘制。制作时必须昼夜照看，如果火稍微不旺笋脯就会变色变味。加入清酱的笋，颜色微黑。春笋、冬笋都可以做成脯。

天目笋

【原典】

天目笋多在苏州发卖。其篓中盖面者最佳，下二寸便搀入老根硬节矣。须出重价，专买其盖面者数十条，如集狐腋成裘之义。

【译文】

天目笋多在苏州市面上出售。放在竹篓上层的最好，在两寸以下的就有可能掺入老根硬节的笋。必须要出高价，专买竹篓面上层的那几十根，这样的好笋就如同集腋成裘一样，只能积少成多。

玉兰片

【原典】

以冬笋烘片，微加蜜焉。苏州孙春杨家有盐、甜二种，以盐者为佳。

【译文】

烘烤冬笋片，略加一点蜂蜜。苏州孙春杨家有咸味、甜味两种口味，以咸味的更好。

素火腿

【原典】

处州笋脯，号"素火腿"，即处片也。久之太硬，不如买毛笋自烘之为妙。

【译文】

处州出产的笋脯，号称"素火腿"，也叫处片。放久了就会变得干硬，还不如买毛笋自己来烘制为妙。

宣城笋脯

【原典】

宣城笋尖，色黑而肥，与天目笋大同小异，极佳。

【译文】

宣城所产的笋尖，颜色黑而肥厚，与天目笋大致相同，非常好。

人参笋

【原典】

制细笋如人参形，微加蜜水。扬州人重之，故价颇贵。

【译文】

把细笋做成人参的形状，稍微加一些蜂蜜水。扬州人特别看重这种笋，因此价格也很贵。

笋油

笋十斤，蒸一日一夜，穿通其节，铺板上，如作豆腐法，上加一板压而榨之，使汁水流出，加炒盐一两，便是笋油。其笋晒干仍可作脯。天台僧制以送人。

【译文】

竹笋十斤，蒸一天一夜，穿通笋节，把它铺在木板上，如同做豆腐一样，在鲜笋上面加上一块木板压榨，使笋汁水流出，加一两炒盐，便成为笋油。压榨过的笋晒干后仍可做脯。天台僧人经常制作这种笋脯送人。

糟油

【原典】

糟油出太仓州，愈陈愈佳。

【译文】

糟油出产于江苏太仓，越是陈年的品质越好。

虾油

【原典】

买虾子数斤，同秋油入锅熬之，起锅，用布沥出秋油，乃将布包虾子，同放罐中盛油。

【译文】

买几斤虾子，加上酱油入锅一起熬煮，起锅时先用布沥出酱油，然后用布把虾子包好，一起放到盛油的罐中。

喇虎酱

秦椒捣烂，和甜酱蒸之，可用虾米搀入。

【译文】

把秦椒捣烂，与甜酱搅拌后蒸熟，也可以加上虾米。

熏鱼子

【原典】

熏鱼子色如琥珀，以油重为贵。出苏州孙春杨家，愈新愈妙，陈则味变而油枯。

【译文】

熏鱼子颜色如同琥珀，品质以油多的为好。此菜为苏州孙春杨家所烹制，越新鲜越好，时间久了味道会变，而且油也挥发掉了。

腌冬菜、黄芽菜

【原典】

腌冬菜、黄芽菜，淡则味鲜，咸则味恶。然欲久放，则非盐不可。尝腌一大坛，三伏时开之，上半截虽臭、烂，而下半截香美异常，色白如玉。甚矣！相士之不可但观皮毛也。

【译文】

腌制的冬菜、黄芽菜，淡一些味道鲜，咸的话味道不好。然而如果想长时间存放的话，那么用盐是不可缺少的。我曾腌过一大缸，到三伏天打开缸盖的时候，上半部分虽然又臭又烂，但下半部分却又鲜又香，颜色如白玉一样。实在是非常奇妙！这如同看人可不能只看外表呀！

莴苣

【原典】

食莴苣有二法：新酱者，松脆可爱；或腌之为脯，切片食甚鲜。然必以淡为贵，咸则味恶矣。

【译文】

吃莴苣有两种方法：新酱制的莴苣松脆可口；也可以腌制后把它做成干脯，切片后吃，味道也很鲜脆。但必须淡一些为好，咸了味道就差了。

香干菜

【原典】

春芥心风干，取梗淡腌，晒干，加酒、加糖、加秋油，拌后再加蒸之，风干入瓶。

【译文】

把春天的芥菜心风干，摘取它的梗后稍微用盐腌制一下，晒干，加入酒、糖、酱油，然后将它们拌匀上锅蒸熟，风干后装入瓶中。

冬芥

【原典】

冬芥名雪里蕻。一法：整腌，以淡为佳；一法：取心风干、斩碎，腌入瓶中，熟后杂鱼羹中，极鲜。或用醋煨，入锅中作辣菜亦可。煮鳗、煮鲫鱼最佳。

【译文】

冬芥又名雪里蕻。一种做法是，将整棵菜腌制，口味以清淡为好；另外一种方法是，将菜心风干，切碎，放到瓶中腌制，腌好后掺入鱼羹中，味道非常鲜美。也可以用醋来煨，放入锅中做辣菜也行。用它来煮鳗鱼、鲫鱼最好吃。

春芥

【原典】

取芥心风干、斩碎，腌熟入瓶，号称"挪菜"。

【译文】

将芥菜心风干、切碎，腌熟后装入瓶中，称为"挪菜"。

芥头

芥根切片，入菜同腌，食之甚脆。或整腌，晒干作脯，食之尤妙。

【译文】

将芥菜根切成片，放入芥菜中一同腌制，吃起来非常清脆。或者将整棵菜腌制后晒干做脯，吃起来更好。

芝麻菜

【原典】

腌芥晒干，斩之碎极，蒸而食之，号"芝麻菜"。老人所宜。

【译文】

将腌好的芥菜晒干，切得碎碎的，蒸熟后吃，称为"芝麻菜"。老人非常适宜吃这个小菜。

腐干丝

【原典】

将好腐干切丝极细，以虾子、秋油拌之。

【译文】

将品质上等的腐干切成很细的丝，用虾子、酱油拌着吃。

风瘪菜

【原典】

将冬菜取心风干，腌后榨出卤，小瓶装之，泥封其口，倒放灰上。夏食之，其色黄，其臭香。

【译文】

将冬菜的菜心取出风干，腌制后榨出卤汁，装入小瓶中，用泥封住瓶口，倒放在灰上。到夏天的时候吃，颜色是黄的，吃起来味道是清香的。

糟菜

【原典】

取腌过风瘪菜，以菜叶包之，每一小包，铺一面香糟，重叠放坛内。取食时，开包食之，糟不沾菜，而菜得糟味。

【译文】

取腌过的风瘪菜，用菜叶包好，每一个小包上面铺上一层香糟，层层叠叠放入坛子里。拿出来吃的时候，打开小包，糟不会沾到菜上，但糟香味已渗入菜中。

酸菜

【原典】

冬菜心风干微腌，加糖、醋、芥末，带卤入罐中，微加秋油亦可。席间醉饱之余，食之，醒脾解酒。

【译文】

将冬菜心风干后稍微腌制一下，加糖、醋、芥末，连带卤汁一起倒入罐中，也可以少加一点酱油。宴席间酒醉饭饱之后，吃一些酸菜，能够起到醒脾解酒的作用。

台菜心

【原典】

取春日台菜心腌之，榨出其卤，装小瓶之中，夏日食之。风干其花，即名"菜花头"，可以烹肉。

【译文】

将春天的台菜心腌制，榨出卤汁后，在小瓶中装好，到夏天时便可食用。风干台菜花，被称为"菜花头"，也可以用来烧肉。

大头菜

【原典】

大头菜出南京承恩寺，愈陈愈佳。入荤菜中，最能发鲜。

大头菜出自于南京承恩寺，品质越陈味道越好。放进荤菜烹制，最能引发鲜味。

萝卜

【原典】

萝卜取肥大者，酱一二日即吃，甜脆可爱。有侯尼能制为鲞，煎片如蝴蝶，长至丈许，连翻不断，亦一奇也。承恩寺有卖者，用醋为之，以陈为妙。

【译文】

选取肥大的萝卜，酱一两天就可以吃，味道甜脆可口。有一个名叫侯尼的能将萝卜做成干菜，切片煎出来的萝卜如同蝴蝶一样，能拉长到3米多，片片相连，连续不断，令人称奇。承恩寺有卖萝卜的，是用醋腌制的，时间越长越好。

乳腐

【原典】

乳腐，以苏州温将军庙前者为佳，黑色而味鲜，有干、湿二种。有虾子腐亦鲜，微嫌腥耳。广西白乳腐最佳。王库官司家制亦妙。

【译文】

乳腐，以苏州温将军庙前卖的为佳品。色黑而味道鲜香，有干、湿两种。有一种虾子乳腐味道也很鲜，但是稍嫌有点儿腥气。广西的白乳腐最好。王库官司家制作的也非常不错。

酱炒三果

【原典】

核桃、杏仁去皮，榛子不必去皮。先用油炮脆，再下酱，不可太焦。酱之多少，亦须相物而行。

【译文】

　　将核桃、杏仁去皮，榛子不需去皮。先用热油将其炸脆，再放入酱，不可炸得太焦。放入酱的多少，必须根据原料的多少而定。

酱石花

【原典】

　　将石花洗净入酱中，临吃时再洗。一名"麒麟菜"。

【译文】

　　将石花菜清洗干净放入酱中，临吃的时候再把酱洗去。别名又叫"麒麟菜"。

石花糕

【原典】

　　将石花熬烂作膏，仍用刀划开，色如蜜蜡。

【译文】

将石花熬烂制成膏状，吃时用刀划开，颜色如同蜜蜡一样。

小松蕈

【原典】

将清酱同松蕈入锅滚热，收起，加麻油入罐中，可食二日，久则味变。

【译文】

将酱油和松蘑一起放入锅中猛煮，收汁起锅，加入麻油后装进罐中，可以吃两天，时间久了味道就变了。

吐蚨

【原典】

吐蚨出兴化、泰兴。有生成极嫩者，用酒酿浸之，加糖则自吐其油，名为泥螺，以无泥为佳。

【译文】

吐蚨产于兴化、泰兴一带。有长得非常嫩的吐蚨，用酒酿将它浸泡，加糖后就会自己吐出它的油，把这个物种称为泥螺，以没有泥的为好。

海蛰

【原典】

用嫩海蛰，甜酒浸之，颇有风味。其光者名为白皮，作丝，酒、醋同拌。

【译文】

取用嫩海蛰，将其放在甜酒中浸泡，很有独特的味道。海蛰表皮光滑的称为白皮，可以切成丝，与酒、醋一同凉拌吃。

虾子鱼

【原典】

虾子鱼出苏州。小鱼生而有子，生时烹食之，较美于鲞。

【译文】

虾子鱼出产于苏州。小鱼生来就有鱼子，烹制新鲜的虾子鱼食用，吃起来比鱼干还美味。

酱姜

【原典】

生姜取嫩者微腌，先用粗酱套之，再用细酱套之，凡三套而始成。古法用蝉退一个入酱，则姜久而不老。

【译文】

将鲜嫩的生姜稍微腌制，先用粗酱腌制一遍，再用细酱腌制一遍，如此腌三次便可。古人的做法是将一个蝉蜕加入酱中，这样姜可以长期存放而依旧脆嫩。

酱瓜

【原典】

将瓜腌后，风干入酱，如酱姜之法。不难其甜，而难其脆。杭州施鲁箴家，制之最佳。据云：酱后晒干又酱，故皮薄而皱，上口脆。

【译文】

将黄瓜腌制后，风干后放入酱中，如同酱姜的方法。酱瓜使它甜不难，而要想它脆却比较难。杭州施鲁箴家酱瓜做得最好。据说：酱后晒干再酱一次，因此皮薄而皱，吃起来更爽脆可口。

新蚕豆

【原典】

新蚕豆之嫩者，以腌芥菜炒之，甚妙。随采随食方佳。

【译文】

取新鲜的嫩蚕豆，用腌制的芥菜同炒，吃起来味道很好。蚕豆随采随吃最好。

腌蛋

【原典】

腌蛋以高邮为佳，颜色红而油多。高文端公最喜食之，席间先夹取以敬客。放盘中，总宜切开带壳，黄、白兼用；不可存黄去白，使味不全，油亦走散。

【译文】

腌蛋以高邮产的为佳品，颜色红润而且油多。高文端公最喜欢吃这种腌蛋，在酒席上他总会先夹取腌蛋来敬客。这种蛋放在盘中，常适宜带壳切开，蛋黄、蛋白一起吃；不能留下蛋黄去掉蛋白，这样会使味道不全，蛋黄的油也容易流失。

混套

【原典】

将鸡蛋外壳，微敲一小洞，将清、黄倒出，去黄用清，加浓鸡卤煨就者拌入，用箸打良久，使之融化，仍装入蛋壳中，上用纸封好，

饭锅蒸熟，剥去外壳，仍浑然一鸡卵，此味极鲜。

【译文】

把鸡蛋外壳轻轻敲出一个小洞，将蛋清、蛋黄倒出来，去掉蛋黄只留蛋清，将煨好的浓鸡汤拌入蛋清中，用筷子长时间地搅拌，使鸡汁与蛋清充分融合，仍然装回蛋壳中，用纸把蛋壳上的小洞封好，放在饭锅里蒸熟，剥去外壳，还是像一个完整的鸡蛋，味道很美。

茭瓜脯

【原典】

茭瓜入酱，取起风干，切片成脯，与笋脯相似。

【译文】

把茭瓜放进酱中腌制，再取出后风干，切成片制成脯，味道与笋脯相似。

牛首腐干

【原典】

豆腐干以牛首僧制者为佳。但山下卖此物者有七家，惟晓堂和尚家所制方妙。

【译文】

豆腐干以牛首僧人做的为佳品。但山下卖豆腐干的有七家，只有晓堂和尚家制作的为最好。

酱王瓜

【原典】

王瓜初生时，择细者腌之入酱，脆而鲜。

【译文】

王瓜新长出来的时候，选取细小的放入酱中腌制，口感脆而鲜美。

十二、点心单

【原典】

梁昭明以点心为小食，郑傪嫂劝叔且点心，由来旧矣。作《点心单》。

【译文】

梁武帝的太子梁昭明把点心当作小吃，唐代就有郑傪嫂劝叔叔暂时用小食点心充饥，可见点心这名称由来已久。故此作《点心单》。

鳗面

【原典】

大鳗一条，蒸烂，拆肉去骨，和入面中，入鸡汤清揉之，擀成面皮，小刀划成细条，入鸡汁、火腿汁、蘑菇汁滚。

【译文】

将一条大鳗鱼蒸熟，折下肉去掉骨头，把鱼肉混合在面里，加入适量的鸡汤揉匀，擀成面皮，用小刀切成细条后，放入鸡汁、火腿汁和蘑菇汁中煮熟。

温面

【原典】

将细面下汤沥干，放碗中，用鸡肉、香蕈浓卤，临吃，各自取瓢加上。

【译文】

将细面条下锅煮熟后捞出来沥干，放入碗中，拌上用鸡肉、香菇制成的浓汁，临吃时，各自拿瓢盛取浇到面上便可。

鳝面

【原典】

熬鳝成卤，加面再滚。此杭州法。

【译文】

把鳝鱼肉熬成卤汁，加入面条后再煮开。这是杭州的烹制做法。

裙带面

【原典】

以小刀截面成条，微宽，则号"裙带面"。大概做面，总以汤多为佳，在碗中望不见面为妙。宁使食毕再加，以便引人入胜。此法扬州盛行，恰甚有道理。

【译文】

用小刀把面切成条，要稍微宽一些，叫作"裙带面"。通常煮面条是认为汤多为好，在碗里看不到面为好。宁可吃完不够再添加，提高人的食欲。这种吃法在扬州非常流行，也很有道理。

素面

【原典】

先一日将蘑菇蓬熬汁，澄清；次日将笋熬汁，加面滚上。此法扬州定慧庵僧人制之极精，不肯传人，然其大概，亦可仿求。其纯黑色的，或云暗用虾汁、蘑菇原汁，只宜澄去泥沙，不重换水，一换水，则原味薄矣。

【译文】

提前一天将蘑菇蓬熬制成汁，把汁澄清；第二天将笋也熬出汁，加入面条滚煮。这种做法以扬州定慧庵僧人最为精妙，不肯传授别人，但是大致的做法是可以模仿的。那卤汁是纯黑色的，有人说是暗中放了虾汁、蘑菇原汁烹制，只是将泥沙澄去，并没有重新换水，一换水原来的味道就淡了。

蓑衣饼

【原典】

干面用冷水调，不可多，揉擀薄后，卷拢再擀薄了，用猪油、白糖铺匀，再卷拢擀成薄饼，用猪油煎黄。如要咸的，用葱、椒、盐亦可。

【译文】

干面粉用冷水和面，不能太多，将面团揉擀薄后，把薄片卷拢了再擀薄，然后将猪油、白糖均匀地撒在面皮上，再卷拢起来擀成薄饼，用猪油煎黄。如果要吃咸味的，用葱、椒盐代替即可。

253

虾饼

【原典】

生虾肉、葱、盐、花椒、甜酒酿少许，加水和面，香油灼透。

【译文】

用适量生虾肉、葱、盐、花椒，甜酒酿少许，加水和面揉好擀成饼，用香油炸透即可。

薄饼

【原典】

山东孔藩台家制薄饼，薄若蝉翼，大若茶盘，柔腻绝伦。家人如其法为之，卒不能及，不知何故。秦人①制小锡罐，装饼三十张。每客一罐，饼小如柑。罐有盖，可以贮。馅用炒肉丝，其细如发，葱亦如之。猪、羊并用，号曰"西饼"。

【注释】

①秦人：陕西人简称，因秦国故地包括陕西关中及甘肃天水、平凉、庆阳等地。

【译文】

山东孔藩台家做的薄饼，薄得像蝉翼，大得如茶盘，口感柔滑极了。家里人照孔家办法去做，始终达不到人家的效果，不知是何原因。陕西人制成的小锡罐，可装三十张饼。每个客人一罐，饼的大小同柑橘一样。锡罐有盖子，可以储藏饼。馅的做法是将肉丝和葱切成发丝般细，炒熟猪肉和羊肉混合而成，被称为"西饼"。

松饼

【原典】

南京莲花桥，教门方店最精。

【译文】

南京莲花桥教门方店制作的松饼最好。

面老鼠

【原典】

以热水和面，俟鸡汁滚时，以箸夹入，不分大小，加活菜心，别有风味。

【译文】

用热水和面，等鸡汤烧开时，用筷子把面夹入汤锅里，不必考虑面块大小，汤里加入新鲜菜心，别有风味。

颠不棱

【原典】

糊面摊开，裹肉为馅，蒸之。其讨好处，全在作馅得法，不过肉嫩、去筋、作料而已。余到广东，吃官镇

台颠不棱^①，甚佳。中用肉皮煨膏为馅，故觉软美。

【注释】

①颠不棱：即肉饺。

【译文】

把和好的面擀成皮，包上肉馅，放上蒸笼上蒸熟。这种做法的妙处在于做馅得法，诀窍是选用嫩肉、去掉筋膜，加上作料调制而成。我到广东，在官镇台吃颠不棱，特别好吃。里面用肉皮煨成膏脂做馅，所以口感柔嫩鲜美。

肉馄饨

【原典】

做馄饨与饺同。

【译文】

做馄饨的方法同做饺子的方法相同。

韭合

【原典】

韭菜切末拌肉，加作料，面皮包之，入油灼之。面内加酥更妙。

【译文】

把韭菜切成碎末与肉搅拌，加作料，用面皮包好，放进油锅煎炸。在面里加些酥油，味道更好。

糖饼

【原典】

糖水溲面，起油锅令热，用箸夹入；其作成饼形者，号"软锅饼"，杭州法也。

【译文】

用糖水和面，把面揉成饼状，将油锅烧热，用筷子把生面饼夹进热油中炸，做成的饼，叫作"软锅饼"，这是杭州人的做法。

烧饼

【原典】

用松子、胡桃仁敲碎，加糖屑、脂油，和面炙之，以两面煎黄为度，面加芝麻。扣儿会做，面罗至四五次，则白如雪矣。须用两面锅，上下放火，得奶酥更佳。

【译文】

将松子、核桃仁敲碎，加上糖、猪油和面放在锅里煎烤，烤到两面黄时加芝麻。名叫扣儿的厨师擅长做，面要筛四五次，其色白如雪。必须用两面锅，上下都要加热，如果添加奶酥味道更美。

千层馒头

【原典】

杨参戎家制馒头，其白如雪，揭之如有千层，金陵人不能也。其法扬州得半，常州、无锡亦得其半。

【译文】

　　杨参戎家做的馒头，色白如雪，掰开看如有千层，南京人做的馒头没有这种效果。这种制作方法一半得自扬州，另一半得自常州与无锡。

面茶

【原典】

　　熬粗茶汁，炒面兑入，加芝麻酱亦可，加牛乳亦可，微加一撮盐。无乳则加奶酥、奶皮亦可。

【译文】

　　熬好粗茶汁，冲入到炒面中，加芝麻酱也行，加牛奶也可以，都得稍微加一点盐。没有牛奶也可加入奶酥、奶皮。

杏酪

【原典】

　　捶杏仁作浆，校去渣，拌米粉，加糖熬之。

【译文】

将杏仁捣碎成汁，过滤掉残渣，把米粉拌进汁里，加糖熬制。

粉衣

【原典】

如作面衣之法。加糖、加盐俱可，取其便也。

【译文】

做粉衣和做面衣的方法相同。加糖、加盐都可以，视方便而定。

竹叶粽

【原典】

取竹叶裹白糯米煮之，尖小，如初生菱角。

【译文】

将竹叶包裹的白糯米，放入水中煮，形状尖而且小，如同刚长出的菱角。

萝卜汤圆

【原典】

萝卜刨丝滚熟，去臭气，微干，加葱、酱拌之，放粉团中作馅，再用麻油灼之，汤滚亦可。春圃方伯家制萝卜饼，扣儿学会，可照此法作韭菜饼、野鸡饼试之。

【译文】

把萝卜刨成丝煮熟，去掉臭气后，稍微晾干，加葱和酱拌匀，放进粉团中做成馅，用麻油煎炸，或放入汤中煮也行。春圃方伯家做的这种饼，家厨扣儿学会了，参照这种方法还可做韭菜饼、野鸡饼。

水粉汤圆

【原典】

用水粉和作汤圆，滑腻异常，中用松仁、核桃、猪油、糖作馅，或嫩肉去筋丝捶烂，加葱末、秋油作馅亦可。作水粉法，以糯米浸水中一日夜，带水磨之，用布盛接，布下加灰，以去其渣，取细粉晒干用。

【译文】

用水磨糯米粉做成的汤圆，非常滑腻，汤圆里面用松仁、核桃、猪油、糖做馅，或是将嫩肉去掉筋丝剁烂，加葱末、酱油搅拌成馅也可以。做水磨糯米粉的方法是：将糯米浸在水中一天一夜，然后连米带水磨制，用布盛浆，布下加柴灰，以去掉残渣，把细粉晒干即可。

脂油糕

【原典】

用纯糯粉拌脂油，放盘中蒸熟，加冰糖捶碎，入粉中，蒸好用刀切开。

【译文】

在纯的糯米粉中拌上猪油，放盘中蒸熟，加进捣碎的冰糖，蒸好后用刀切开即可。

雪花糕

【原典】

蒸糯饭捣烂，用芝麻屑加糖为馅，打成一饼，再切方块。

【译文】

把蒸好的糯米饭捣烂，用研磨碎的芝麻屑加糖做馅，打压成一张饼后，再切成方块。

软香糕

【原典】

软香糕，以苏州都林桥为第一；其次虎丘糕，西施家为第二；南京南门外报恩寺则第三矣。

【译文】

软香糕，苏州都林桥作坊做得最好；其次是西施家做的虎丘糕；南京南门外报恩寺做的排第三。

百果糕

【原典】

杭州北关外卖者最佳。以粉糯，多松仁、胡桃，而不放橙丁者为妙。其甜处非蜜非糖，可暂可久。家中不能得其法。

【译文】

杭州北关外卖的百果糕最好。以米粉软糯，多松仁、胡桃而不放橙皮丁的为妙。这种糕的甜味既不像蜜也不像糖，可现吃也可以放一段时间。我家做不出那个味道。

栗糕

【原典】

煮栗极烂，以纯糯粉加糖为糕，蒸之，上加瓜仁、松子。此重阳小食也。

【译文】

把栗子煮得极烂，用纯糯米粉加糖做成糕，上锅蒸熟，糕上面要放上瓜子仁、松子仁。这是重阳节的小吃。

青糕、青团

【原典】

捣青草为汁，和粉作粉团，色如碧玉。

【译文】

把艾草或青麦苗捣烂成汁，和在糯米粉里做成米粉团，颜色如碧玉一样。

合欢饼

【原典】

蒸糕为饭，以木印印之，如小珙璧状，入铁架熯之，微用油，方不黏架。

【译文】

像蒸饭一样蒸糕，用木印给糕打印定型，形状像小珙璧一样，放在铁架上小火烤，稍微加点油，糕饼就不会黏在铁架上了。

鸡豆糕

【原典】

研碎鸡豆，用微粉为糕，放盘中蒸之。临食，用小刀片开。

【译文】

把鸡豆研磨碎，加少量粉拌在一起制作成糕，放在盘里蒸熟。吃的时候用小刀切成片。

鸡豆粥

【原典】

磨碎鸡豆为粥，鲜者最佳，陈者亦可。加山药、茯苓尤妙。

【译文】

把鸡豆研磨碎煮粥，新鲜的最好，时间长的也可以。加些山药、茯苓一起煮，味道更好。

金团

【原典】

杭州金团，凿木为桃、杏、元宝之状，和粉搦成，入木印中便成。其馅不拘荤素。

【译文】

杭州金团的做法，是在木头上刻成桃、杏、元宝的形状，将和好的糯米粉揉成大小合适的糯米团，放入模子中定型。金团的馅荤、素都可以。

藕粉、百合粉

【原典】

藕粉非自磨者，信之不真。百合粉亦然。

【译文】

藕粉不是自己磨出来的，很难相信它是真货。百合粉也是这样。

麻团

【原典】

蒸糯米捣烂为团，用芝麻屑拌糖作馅。

【译文】

把蒸熟的糯米捣烂做成团子，用芝麻屑拌糖做成馅。

芋粉团

【原典】

磨芋粉晒干，和米粉用之。朝天宫道士制芋粉团，野鸡馅，极佳。

【译文】

把芋磨成粉后晒干，加入米粉即成芋粉团原料。朝天宫道士所做的芋粉团，用野鸡肉做馅，味道很美。

熟藕

藕须灌米加糖自煮，并汤极佳。外卖者多用灰水，味变，不可食也。余性爱食嫩藕，虽软熟而以齿决，故味在也。如老藕一煮成泥，便无味矣。

将糯米与冰糖灌入藕孔中，煮后连汤一起食用最好。外面卖的多用灰水煮，味道不好，不能吃。我天生爱吃嫩藕，软熟的藕片嚼在齿中，原味俱萦绕在口腔。如果藕老了一煮就成软泥，就没什么味道了。

270

新栗、新菱

【原典】

新出之栗，烂煮之，有松子仁香。厨人不肯煨烂，故金陵人有终身不知其味者。新菱亦然，金陵人待其老方食故也。

【译文】

新产的栗子，煮到软烂，会有松子仁的香味。厨师不肯费工夫煨烂，所以有的南京人一辈子都不知道栗子的真正味道。新产的菱角也是这样，因为南京人也总是等到菱角老了才吃。

莲子

【原典】

建莲虽贵，不如湖莲之易煮也。大概小熟，抽心去皮，后下汤，用文火煨之，闷住合盖，不可开视，不可停火。如此两炷香，则莲子熟时不生骨矣。

【译文】

出产于福建的莲子虽然名贵，但不如湖南产的莲子容易煮烂。一般在莲子稍熟时，去掉莲心与莲皮，然后放进汤中，用文火煨之，盖好锅盖，中途不要打开看，也不能熄火。大约煮一个半小时的时间，莲子就熟了，不会有生硬难咬的小块。

芋

【原典】

十月天晴时，取芋子、芋头，晒之极干，放草中，勿使冻伤。春间煮食，有自然之甘。俗人不知。

【译文】

农历十月天气晴好的时候，把芋子、芋头，晒到极干，放进干草中，不要让它们冻伤。到第二年春天煮着吃，有自然的甜味。这是一般人不知道的。

萧美人点心

【原典】

仪真南门外，萧美人善制点心，凡馒头、糕、饺之类，小巧可爱，洁白如雪。

【译文】

在仪真的南门外，有一位萧美人擅长做点心，像馒头、糕点、饺子之类的食物，都做得小巧可爱，颜色如白雪一般。

刘方伯月饼

【原典】

用山东飞面，作酥为皮，中用松仁、核桃仁、瓜子仁为细末，微加冰糖和猪油作馅。食之不觉甚甜，而香松柔腻，迥异寻常。

【译文】

把山东出产的精面粉做成酥皮，中间加入松子仁、核桃仁、瓜子

仁碎末，稍微加些冰糖和猪油做成月饼馅。这样吃起来不觉得很甜，但却香松柔腻，与平常吃到的月饼大不相同。

陶方伯十景点心

【原典】

每至年节，陶方伯夫人手制点心十种，皆山东飞面所为。奇形诡状，五色纷披，食之皆甘，令人应接不暇。萨制军[①]云："吃孔方伯薄饼，而天下之薄饼可废；吃陶方伯十景点心，而天下之点心可废。"自陶方伯亡，而此点心亦成《广陵散》[②]矣。呜呼！

【注释】

①制军：明、清时期总督的别称。

②《广陵散》：琴曲名。古代魏晋时期竹林七贤之一的嵇康善弹此曲，不肯传人，嵇康死后，此曲消失。

【译文】

每到逢年过节，陶方伯夫人便会亲手制作十种点心，都是用山东出产的精面粉做成的。点心的形状多样，颜色艳丽，吃起来都是甜的，品种又多得令人应接不暇。萨制军说："吃过孔方伯做的薄饼，觉得天下的其他薄饼都可以不吃了；吃过陶方伯做的十景点心，觉得天下的其他点心都可以不吃了。"自从陶方伯死后，这些点心也像《广陵散》一样失传了。唉！

杨中丞西洋饼

【原典】

用鸡蛋清和飞面作稠水，放碗中。打铜夹剪一把，头上作饼形，如蝶大，上下两面，铜合缝处不到一分。生烈火烘铜夹，撩稠水，一糊、一夹、一熯，顷刻成饼。白如雪，明如绵纸，微加冰糖、松仁屑子。

【译文】

用鸡蛋清和精面粉调成稠面糊，放入碗中。特制一把铜夹剪，此夹剪的头部做成饼状，如蝴蝶大小，上下两面，合拢紧贴后的漏缝不到一分。烧烈火烘烤铜夹，撩稠面糊放进夹里，一勺糊、一夹紧、一烘烤，一会儿便成饼。饼的颜色像雪一样白，像绵纸一样透明，饼上可稍微加些冰糖、松子仁碎末。

白云片

【原典】

南殊①锅巴，薄如绵纸，以油炙之，微加白糖，上口极脆。金陵人制之最精，号"白云片"。

【注释】

①南殊：乾隆本作"白米"。

【译文】

白米锅巴，薄得如同绵纸，用油煎炸后，加一点白糖，入口香脆。南京人做这个最为精妙，叫作"白云片"。

风枵

【原典】

以白粉①浸透，制小片，入猪油灼之，起锅时，加糖掺之，色白如霜，上口而化。杭人号曰"风枵②"。

【注释】

①白粉：大米粉与糯米粉掺在一起。

②风枵（xiāo）：即糯米锅巴。

【译文】

将上等面粉浸透，做成小片，放入猪油中炸，起锅时，加上白糖拌好，颜色白得像霜一样，入口即化。杭州人称"风枵"。

三层玉带糕

【原典】

以纯糯粉作糕，分作三层：一层粉，一层猪油、白糖，夹好蒸之，蒸熟切开。苏州人法也。

【译文】

用纯糯米粉做成糕，分为三层：一层是糯米粉，一层是猪油和白糖，再覆盖一层糯米粉夹好上锅蒸，蒸熟后切开。这是苏州人的做法。

运司糕

【原典】

卢雅雨作运司^①，年已老矣，扬州店中作糕献之，大加称赏。从此遂有"运司糕"之名。色白如雪，点胭脂，红如桃花。微糖作馅，淡而弥旨。以运司衙门^②前店作为佳，他店粉粗色劣。

【注释】

①运司：明、清官职名。即都转盐运使司，也称盐运使。

②衙门：旧时称官署为衙门，即官府的办事场所。

【译文】

卢雅雨出任盐运使时，年岁已高，扬州的一个店中做了糕点献给他品尝，被大加称赏。从此就有了"运司糕"之名。这种点心色白如雪，上面点有胭脂，红如桃花。馅中放很少的糖，清淡之中更显美味。以运司衙门前的点心店做得最好，其他店则粉粗色劣。

沙糕

【原典】

糯粉蒸糕，中夹芝麻、糖屑。

【译文】

用糯米粉蒸糕，中间夹碎芝麻和糖。

小馒头、小馄饨

【原典】

作馒头如胡桃大，就蒸笼食之。每箸可夹一双。扬州物也。扬州发酵最佳，手捺之不盈半寸，放松仍隆然而高。小馄饨小如龙眼，用鸡汤下之。

【译文】

馒头制作得如核桃大，熟后连笼一起上桌。一双筷子可夹两个。这

是扬州的特色。扬州人擅长制作发酵的面食，用手按下去半寸，松手后仍然恢复到原来高度。扬州人做的小馄饨小如龙眼，用鸡汤煮着吃。

雪蒸糕法

【原典】

每磨细粉，用糯米二分，粳米八分为则，一拌粉，将置盘中，用凉水细细洒之，以捏则如团、撒则如砂为度。将粗麻筛筛出，其剩下块搓碎，仍于筛上尽出之，前后和匀，使干湿不偏枯，以巾覆之，勿令风干日燥，听用。水中酌加上洋糖，则更有味，拌粉与市中枕儿糕法同。一锡圈及锡钱，俱宜洗剔极净，临时略将香油和水，布蘸拭之。每一蒸后，必一洗一拭。一锡圈内，将锡钱置妥，先松装粉一小半，将果馅轻置当中，后将粉松装满圈，轻轻挡平，套汤瓶上盖之，视盖口气直冲为度。取出覆之，先去圈，后去钱，饰以胭脂，两圈更递为用。一汤瓶宜洗净，置汤分寸以及肩为度。然多滚则汤易涸，宜留心看视，备热水频添。

【译文】

每次磨细粉，用糯米二分，粳米八分为标准，把拌匀的粉放在盘中，用凉水轻轻洒在上面，洒水的多少以粉捏则成团，洒则如沙散开为标准。用粗麻筛筛出，将剩下的块搓碎，仍放在筛上筛，将筛出的粉一起拌匀，使其干湿适中，用毛巾盖上，不让风吹日晒，等候使用。在和面水中加入适量白糖，则更有风味，拌粉方法与市面上卖的枕儿糕做法相同。对于蒸糕的工具一个锡圈及锡钱，都应洗剔干净，在临制作前用布稍微蘸一点香油和水擦一下。每次蒸过糕之后，一定要将其擦洗干净。在锡圈内将锡钱放好，先松松地装入一小半面粉，将果馅儿轻轻放在上面，再将面粉松松地装至满圈，轻轻刮平，套在汤瓶上盖好，以看见盖口冒出直冲的热气为准。蒸好后，倒出来，先拿掉圈，后拿掉钱，用胭脂进行装饰，用两个锡圈交替制作。汤瓶要洗干净，放水量以汤瓶肩部为标准。但汤瓶内水滚沸时间长了容易烧干，应留心查看，随时添加备用的热水。

作酥饼法

【原典】

冷定脂油一碗，开水一碗，先将油同水搅匀，入生面，尽揉要软，如擀饼一样，外用蒸熟面入脂油，合作一处，不要硬了。然后将生面做团子，如核桃一般大，将熟面亦作团子，略小一圈，再将熟面团子包在生面团子中，擀成长饼，长可八寸，宽二三寸许，然后折叠如碗样，包上穰子。

【译文】

用一碗冷凝的猪油，一碗开水，将油同水搅匀，倒入生面中，一直揉到软，如擀饼一样，外用蒸熟面加入脂油，合在一齐揉，不要硬了。然后将生面做成小面团，如核桃大，将熟面也做成面团，略微小一圈，再把熟面团包在生面团里，擀成长饼，长约八寸，宽约二三寸，然后折叠成碗的形状，包上果肉馅儿。

天然饼

【原典】

泾阳[①]张荷塘明府，家制天然饼，用上白飞面，加微糖及脂油为酥，随意搦成饼样，如碗大，不拘方圆，厚二分许。用洁净小鹅子石衬而煿之，随其自为凹凸，色半黄便起，松美异常。或用盐亦可。

【注释】

①泾阳：隶属于陕西省咸阳市。

【译文】

泾阳张荷塘明府家做的天然饼，上等的精面粉，加少许糖和猪油制成酥团，随意地揉捏成饼样，如碗口大，方圆随意，厚大约0.6厘米。将面饼放在干净的鹅卵石上烘烤，任其形成自然的凹凸状，颜色半黄时取出，口感酥脆味美。加盐做也可以。

花边月饼

【原典】

明府家制花边月饼，不在山东刘方伯之下。余常以轿迎其女厨来园制造，看用飞面拌生猪油子团百搦，才用枣肉嵌入为馅。裁如碗大，以手搦其四边菱花样。用火盆两个，上下覆而炙之。枣不去皮，取其鲜也；油不先熬，取其生也。含之上口而化，甘而不腻，松而不滞，其工夫全在搦中，愈多愈妙。

【译文】

明府家做的花边月饼，品质不在山东刘方伯家之下。我曾经用轿子把他家的女厨师请来家中制作，看到她用精面粉拌上生猪油反复揉搓上百次，再用枣肉放入里面为馅。将揉好的面团，分成碗口大小，用手把四边捏成菱花样。用火盆两个，上下覆而烤制。枣不去皮，保留鲜甜；油不必先熬，保留其香浓的味道。吃的时候入口即化，甜而不腻，松而不散。其工夫全在揉按的技巧之中，来回揉按的次数越多越好。

制馒头法

【原典】

偶食新明府馒头，白细如雪，面有银光，以为是北面之故。龙文云："不然，面不分南北，只要罗得极细。罗筛至五次，则自然白细，不必北面也。惟做酵最难。"请其庖人来教，学之卒不能松散。

【译文】

偶然吃到新名府家做的馒头，嫩白如雪，表面呈现银光，我以为是用了北方精面粉的缘故。

龙文说："不是的，面粉不分南方和北方产地，主要是要筛罗得极细。筛过四五次后，面自然就白细，不一定是要北方的面。只是发酵最难。"我便请其厨师来教，虽然学着做了，但始终没有那么松软的口感。

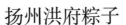

扬州洪府粽子

【原典】

洪府制粽，取顶高糯米，捡其完善长白者，去共半颗散碎者，淘之极熟，用大箬叶裹之^①，中放好火腿一大块，封锅闷煨一日一夜，柴薪不断。食之滑腻温柔，肉与米化。或云：即用火腿肥者斩碎，散置米中。

【注释】

①箬（ruò）：一种竹子，叶大而宽，可编竹笠，又可用来包粽子。

【译文】

洪明府做的粽子，是取用上等的糯米，挑选出米粒长颜色白的糯米，去掉半颗、散碎的糯米，淘洗后泡透，用大箬叶包裹，中间放一大块好火腿，把锅盖盖好焖煮一天一夜，保证柴火不断。吃起来滑腻清香，肉与米皆入口而化。也有人说，把肥的火腿剁碎，加入米中，粽子味道更好。

十三、饭粥单

【原典】

粥饭本也，余菜末也。本立而道生。作《饭粥单》。

【译文】

粥和饭是饮食的根本，其他菜都排在其次。立住了根本其他就能
应运而生。故此作《饭粥单》。

饭

【原典】

王莽云："盐者，百肴之将。"余则曰："饭者，百味之本。"《诗》
称："释之溲溲①，蒸之浮浮②。"是古人亦吃蒸饭，然终嫌米汁不在
饭中。善煮饭者，虽煮如蒸，依旧颗粒分明，入口软糯。其诀有

四：一要米好，或香稻，或冬霜，或晚米，或观音籼，或桃花籼，春③之极熟，霉天风摊播之，不使惹霉发疹。一要善淘，淘米时不惜工夫，用手揉擦，使水从箩中淋出，竟成清水，无复米色。一要用火先武后文，闷起得宜。一要相米放水，不多不少，燥湿得宜。往往见富贵人家，讲菜不讲饭，逐末忘本，真为可笑。余不喜汤浇饭，恶失饭之本味故也。汤果佳，宁一口吃汤，一口吃饭，分前后食之，方两全其美。不得已，则用茶、用开水淘之，犹不夺饭之正味。饭之甘，在百味之上；知味者，遇好饭不必用菜。

【注释】

①释：指用水淘米。溲溲（sōu sōu）：淘米声。

②浮浮：热气上腾的样子。

③春（chōng）：指把打下的谷子，去掉壳的过程。

【译文】

王莽说："盐是百味菜肴中的将领。"我却说："饭是百味的根本。"《诗经》说："淘米的声音溲溲，蒸饭的热气浮浮。"可见古人也吃蒸饭，但始终嫌饭中少了米汁。擅长煮饭的人，煮出来的饭如同蒸的一样，米粒颗粒分明，入口松软香糯。其要诀有四个方面：一是米好，或是香稻，或是冬霜，或是晚米，或是观音籼，或是桃花籼，米要舂得极细，梅雨季节要将米摊开晾晒，避免发霉结块。二是善于淘米，淘米时不要怕费工夫，用手搓揉，使从箩中流出的水全部是清水，不再有米色。三是火候，要先用武火后用文火，焖煮和起锅的时间恰当。四是根据米量放水，不多不少，这样煮出来的饭才能干湿适宜。经常看见富贵人家，讲究菜不讲究饭，舍本逐末，真是可笑。我不喜欢用菜汤泡饭，厌恶这种失去米饭本味的吃法。如果汤很美的话，宁可喝一口汤，吃一口饭，分开来吃，才是两全其美。不得已的话，可用茶，或开水过一下，也不会影响米饭的本味。饭的美味，在百味之上；真正知味懂味的人，遇到好饭就不必吃菜了。

粥

【原典】

见水不见米，非粥也；见米不见水，非粥也。必使水米融洽，柔腻如一，而后谓之粥。尹文端公曰："宁人等粥，毋粥等人。"此真名言，防停顿而味变汤干故也。近有为鸭粥者，入以荤腥；为八宝粥者，入以果品，俱失粥之正味。不得已，则夏用绿豆，冬用黍米，以五谷入五谷，尚属不妨。余常食于某观察①家，诸菜尚可，而饭粥粗粝，勉强咽下，归而大病。尝戏语人曰："此是五脏神暴落难，是故自禁受不得。"

【注释】

①观察：清代对道员的尊称。

【译文】

见水不见米，不是粥；见米不见水，也不是粥。必须是水米交融，柔腻成为一体，才能叫粥。尹文端公说："宁可吃饭的人等粥，不要粥熟了等吃饭的人。"这真是名言，一旦放置时间长了，粥的味道变了，汤也干了。近来有人煮鸭粥，往粥里加上荤腥；也有人做八宝粥，往粥里加入果品，其实都失去了粥的本味。不得已的话，在夏天可加一些绿豆，冬天加一些黍米，以五谷掺五谷，倒没有什么影响。我曾在某位观察家中吃饭，各种菜肴还不错，而饭粥粗粝，我勉强能咽下去，回来后就大病一场。曾对人开玩笑说："这是五脏庙里五脏神落了难，自然经受不起折腾。"

十四、茶酒单

【原典】

七碗生风，一杯忘世，非饮用六清不可。作《茶酒单》。

【译文】

喝七碗茶能觉得两腋习习生风，喝一杯酒能觉得忘却尘世，所以要饮用六清这几种饮品。故作《茶酒单》。

茶

【原典】

欲治好茶，先藏好水。水求中泠、惠泉①。人家中何能置驿而办②？然天泉水、雪水，力能藏之。水新则味辣，陈则味甘。尝尽天下之茶，以武夷山顶所生、冲开白色者为第一。然入贡尚不能多，况民间乎？其次，莫如龙井。清明前者，号"莲心"，太觉味淡，以多用为妙；雨前最好，一旗一枪^③，绿如碧玉。收法须用小纸包，每包四两，放石灰坛中，过十日则换石灰，上用纸盖扎住，否则气出而色味又变矣。烹时用武火，用穿心罐，一滚便泡，滚久则水味变矣。停滚再泡，则叶浮矣。一泡便饮，用盖掩之则味又变矣。此中消息，间不容发^④也。山西裴中丞尝谓人曰："余昨日过随园，才吃一杯好茶。"呜呼！公山西人也，能为此言。而我见士大夫生长杭州，一入宦场便吃熬茶^⑤，其苦如药，其色如血。此不过肠肥脑满之人吃槟榔法也。俗矣！除吾乡龙井外，余以为可饮者，胪列^⑥于后。

【注释】

①中泠：指中泠泉，又名"天下第一泉"，位于江苏省镇江市金山寺外，用中泠泉沏茶，清香甘冽，相传有"盈杯之溢"之说。惠泉：指惠山泉，相传经中国唐代陆羽亲品其味，故一名陆子泉，经乾隆御封为"天下第二泉"，位于江苏省无锡市西郊惠山山麓锡惠公园内。

②置驿而办：设置驿站办理事务，此指取水送水。

③一旗一枪：指幼嫩的茶叶。

④间不容发：意为两物中间容不下一根头发，形容距离极小。

⑤熬茶：将沏成的茶喝过几遍，然后倾入砂壶中，上火熬煮，则茶的苦味黄色尽出，谓之"熬茶"。

⑥胪列：列举，陈列。

【译文】

　　想泡好茶，先储藏上等的好水。水以中泠、惠泉为好。普通人家怎么可能专门设置驿站来运送这种水？但是天然泉水、雪水，是可以尽力储藏一些的。新取的水味辣，储存时间长一些则味道甘甜。我尝遍天下的茶叶，以武夷山顶所产、冲泡后呈白色的茶为第一。然而这种茶进贡的数量不多，民间哪能轻易喝到呢？其次，没有什么茶比得过龙井的。清明节前采摘的叫"莲心"，这种茶味道比较清淡，适宜多放一些茶叶才好；谷雨前采摘的最好，一芽一叶，颜色绿如碧玉。收藏的方法适宜用小纸包，每包裹四两，放在石灰坛中，过十天后换一回石灰，坛口用纸扎紧，否则跑气，颜色和味道全变了。煮茶用旺火，并用穿心罐，水烧开就冲泡，开水烧时间长了就变味了。水不烧开泡的话，茶叶就浮在上面。一泡就喝，用盖子盖紧杯子，茶味又变。这其中的关键，不可有任何差错。山西裴中丞曾对人说："我昨天经过随园，才品尝到一杯好茶。"唉，裴中丞是山西人，都能说出这样的话。而我看到生长在杭州的士大夫，一进入官场便喝煮茶，味道苦得如药一般，茶色红得如血一样。这不过和那些肥头大脑的人吃槟榔的做法一样，俗气！除了我家乡的龙井水，我认为其他用来煮茶饮用的水，都列在后面。

武夷茶

【原典】

余向不喜武夷茶，嫌其浓苦如饮药。然丙午秋，余游武夷到曼亭峰、天游寺诸处。僧道争以茶献。杯小如胡桃，壶小如香橼^①，每斟无一两。上口不忍遽^②咽，先嗅其香，再试其味，徐徐咀嚼而体贴^③之。果然清芬扑鼻，舌有余甘，一杯之后，再试一二杯，令人释躁平矜^④，怡情悦性。始觉龙井虽清而味薄矣；阳羡^⑤虽佳而韵逊矣。颇有玉与水晶，品格不同之故。故武夷享天下盛名，真乃不忝^⑥。且可以瀹^⑦至三次，而其味犹未尽。

【注释】

①香橼（yuán）：又名枸橼或枸橼子，新生嫩枝、芽及花蕾均呈暗紫红色。产于广西、云南等地区。

②遽（jù）：急速，仓促。

③体贴：体会品尝。

④释躁平矜：意为心气平和。

⑤阳羡：即阳羡茶，产于江苏宜兴，具有汤清、芳香、味醇的特点。

⑥忝（tiǎn）：为谦辞，有愧之意。

⑦瀹（yuè）：烹茶。

【译文】

我一直不喜欢喝武夷茶，嫌其味道浓苦如吃药一般。然而丙午年（乾隆五十一年，1786 年）的秋天，我游览武夷山，到曼亭峰、天游寺等地。僧人和道士热情地用武夷茶招待。用的杯子小得像胡桃，茶壶小得像香橼果，每杯茶量不到一两。喝到嘴里不忍立即咽下去，而是先闻茶的香气，后品茶的味道，慢慢地体会品尝。果然是清香扑鼻，舌有甘甜，一杯喝完再喝一二杯，让人性平气畅，轻松愉悦。这才知道龙井茶虽然清新而味道淡薄；阳羡茶虽然好而韵味逊色一些。很像拿玉与水晶相比，品格不同。所以武夷茶享有天下的盛名，真是当之无愧。而且，武夷茶冲泡三次，味道也不会散尽。

龙井茶

【原典】

杭州山茶，处处皆清，不过以龙井为最耳。每还乡上冢①，见管坟人家送一杯茶，水清茶绿，富贵人所不能吃者也。

【注释】

①冢（zhǒng）：坟墓。

【译文】

杭州的山茶，处处都有清芬的香气，不过以龙井茶为最好。每次回乡祭扫，照看坟地的人家送上一杯茶来，水清茶绿，富贵人家是喝不到的。

常州阳羡茶

【原典】

阳羡茶①，深碧色，形如雀舌，又如巨米。味较龙井略浓。

【注释】

①阳羡茶：此茶产于江苏宜兴，自古享有盛名，汤清、芳香、味醇，宜兴阳羡紫笋茶历来与杭州龙井茶、苏州碧螺春齐名，被列为贡品。

【译文】

阳羡茶，呈深绿色，茶叶的形状如同雀子的舌头，又像是大而饱满的米粒。味道比龙井茶浓一些。

洞庭君山茶

【原典】

洞庭君山出茶，色味与龙井相同。叶微宽而绿过之，采掇①最少。方毓川抚军②曾惠两瓶，果然佳绝。后有送者，俱非真君山物矣。

此外如六安、银针、毛尖、梅片、安化，概行黜落③。

【注释】

①采掇（duō）：采摘，摘取。

②抚军：官职名，明清时巡抚的别称。

③黜（chù）落：旧指科场除名落第，落榜。此指依次排列。

【译文】

洞庭君山出产的茶，色味与龙井相同。叶子稍宽而颜色比龙井更绿，采摘量很少。方毓川巡抚曾经送给我两瓶，的确是绝好的佳品。后来有人送的，都不是真正的君山茶。

此外如六安、银针、毛尖、梅片、安化，依次排列在后面。

酒

【原典】

余性不近酒，故律酒过严，转能深知酒味。今海内动行绍兴，然沧酒①之清，浔酒②之洌，川酒之鲜，岂在绍兴下哉！大概酒似耆老宿儒③，越陈越贵，以初开坛者为佳，谚所谓"酒头茶脚"是也。炖法不及则凉，太过则老，近火则味变。须隔水炖，而谨塞其出气处才佳。取可饮者，并列于后。

【注释】

①沧酒：沧酒历史久远，隋唐时期便有记载，到宋明时已海内驰名。清乾隆《沧州志》《物产》载："沧州，酿用黍米，曲用麦面，水以南川楼前者为上味。醇而洌，他郡即按法为之不及也。陈者更佳。"可见其独特与珍奇。

②浔酒：南宋时期为朝廷贡酒，明时为江南名酒。清朝时，与川酒、绍酒、沧酒并列为华夏绝品，被誉为"四须"。洌（liè）：香洌。

③耆（qí）：六十岁曰耆。宿儒：指素有声望的博学之士。

【译文】

我天性不善于饮酒，所以对酒的评定苛刻严格，反而更能品出酒

的好坏。现在全国各地流行绍兴酒，然而沧酒的清醇，浔酒的香冽，川酒的鲜美，怎能说都排在绍兴酒之下！大概酒像素有声望的博学之人一样，越陈越珍贵，以刚开坛的为最佳，正如谚语所说的"酒头茶脚"那样。温酒时间不够酒会发凉，时间长了酒会变老，太靠近火酒会变味，必须隔水炖，并且要注意堵住漏气的地方才好。现选择可喝的几种酒，列在后面。

金坛于酒

【原典】

于文襄①公家所造，有甜涩二种，以涩者为佳。一清彻骨，色若松花。其味略似绍兴，而清冽过之。

【注释】

①于文襄：即于敏中，字叔子，一字重棠，号耐圃，江苏金坛人；山西学政于汉翔之孙，宣平知县于树范之子；清朝重臣，出身簪缨世家。"文襄"是古代官方封给大臣的一种谥号，在清代"文襄"多授予学士背景的同时又有军功大臣。

【译文】

于文襄公家酿造的于酒，有甜、涩两种口味，以口味涩的为上等品。一种清澈入骨，颜色好比松花。其味道有点儿像绍兴酒，但比绍兴酒更清醇。

德州卢酒

【原典】

卢雅雨转运①家所造，色如于酒，而味略厚。

【注释】

①卢雅雨：原名卢见曾，山东德州人，字抱孙，号澹园，雅雨山人是他的别号。转运：官名，即转运使。

【译文】

卢雅雨转运使家所酿的酒，颜色如同金坛的于酒，但味道还要略厚一些。

四川郫筒酒

【原典】

郫筒酒[1]，清洌彻底，饮之如梨汁蔗浆，不知其为酒也。但从四川万里而来，鲜有不味变者。余七饮郫筒，惟杨笠湖刺史木算[2]上所带为佳。

【注释】

①郫（pí）筒酒：产自四川郫县。筒，乃是酿此酒的器具，竹子所做。苏轼曾吟诗称颂郫筒酒："所恨巴山君未见，他年携手醉郫筒。"陆游则夸赞道："酒来郫县香初压，花送彭州露尚滋。"

②木算（bì）：木筏。

【译文】

四川郫筒酒，清香明澈见底，喝到嘴里如同饮梨汁蔗浆，甚至不知是酒。但这就从远在四川万里之地运来，很少有不变味的。我曾七次喝过郫筒酒，只有杨笠湖刺史木筏上带来的那次最好。

绍兴酒

【原典】

绍兴酒①，如清官廉吏，不参一毫假②，而其味方真。又如名士耆英，长留人间，阅尽世故，而其质愈厚。故绍兴酒，不过五年者不可饮，参水者亦不能过五年。余常称绍兴为名士，烧酒为光棍。

【注释】

①绍兴酒：又称绍兴黄酒、绍兴老酒，随着时间的久远而更为浓烈，所以绍兴酒称老酒，越陈越香。

②参：通"掺"，此为掺杂、夹杂之意。

【译文】

绍兴酒，如同清官廉吏一样，不掺杂一点儿假，因此酒味才醇正。又如德高望重的老者，名留世间，虽历尽世事的变化，但其品质越加淳厚。所以绍兴酒，不超过五年的不能喝，掺水的也存放不了五年。我常说绍兴酒是名士，而烧酒是光棍。

湖州南浔酒

【原典】

湖州南浔酒①，味似绍兴，而清辣过之。亦以过三年者为佳。

【注释】

①南浔酒：黄酒的一种，产于湖南南浔，香气浓郁，口味爽净。

【译文】

湖南南浔酒，味道与绍兴酒相似，但比绍兴酒清辣。以存放三年以上的为好。

常州兰陵酒

【原典】

唐诗有"兰陵美酒郁金香，玉碗盛来琥珀光"之句。余过常州，相国①刘文定公饮以八年陈酒，果有琥珀之光。然味太浓厚，不复有清远之意矣。宜兴有蜀山酒，亦复相似。至于无锡酒，用天下第二泉所作，本是佳品，而被市井人②苟且为之，遂至浇淳散朴，殊可惜也。据云有佳者，恰未曾饮过。

【注释】

①相国：又称相邦，起源于春秋晋国，是战国秦及汉朝廷臣最高职务，后来对担任宰相的官员，也敬称相国，明清时对于内阁大学士也称相国。刘文定：指刘统勋，字延清，号尔钝，山东诸城（今山东高密）人，雍正二年中进士，历任刑部尚书、工部尚书、吏部尚书、内阁大学士、翰林院掌院学士及军机大臣等要职。

②市井人：指商贾。

【译文】

唐诗中有"兰陵美酒郁金香，玉碗盛来琥珀光"的句子。我经过常州时，相国刘文定公用八年陈酒招待我，酒色果然有琥珀之光。但是味道太浓厚，不再有清远悠长的感觉。宜兴有一种蜀山酒，与刘家的酒相似。至于无锡的酒，用天下第二泉酿制，本是佳品，可是被一些买卖的商人粗制滥造，导致失去了淳朴的本性，实在可惜。据说也有好酒，但我没品尝过。

溧阳乌饭酒

【原典】

余素不饮，丙戌年，在溧水叶北部家，饮乌饭酒①至十六杯，傍人大骇，来相劝止。而余犹颓然，未忍释手。其色黑，其味甘鲜，口不能言其妙。据云溧水风俗，生一女，必造酒一坛，以青精饭②为之。俟嫁此女才饮此酒。以故极早亦须十五六年。打瓮时只剩半坛，质能胶口，香闻室外。

【注释】

①乌饭酒：指以宜兴特产乌米为原材料酿造的酒类。

②青精饭：又称乌米饭，为江苏宜兴、溧阳等地区的民间特色食品，用糯米染乌饭树法之汁煮成的饭，颜色乌青。

【译文】

我向来不善饮酒，丙戌年，我在溧水叶北部家中，喝乌饭酒喝到十六杯时，旁边的人都吓坏了，都上前劝止。而我却觉得扫兴，舍不得丢杯。其酒的颜色呈黑色，味道甘醇甜美，难以述说其妙。据说溧水县有个风俗，生女儿要酿一坛酒，用青精饭制作。等到这个女儿长大出嫁时才能开坛饮酒。因此，即使早的也需要十五六年。打开酒瓮时只会剩下半坛酒，酒质浓厚黏口，香气飘到室外。

苏州陈三白

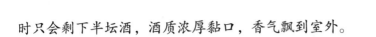

【原典】

乾隆三十年，余饮于苏州周慕庵家。酒味鲜美，上口粘唇，在杯满而不溢。饮至十四杯，而不知是何酒，问之，主人曰："陈十余年之三白酒①也。"因余爱之，次日再送一坛来，则全然不是矣。甚矣！世间尤物之难多得也。按郑康成《周官》注"盎齐②"云："盎者翁翁③然，如今酇白④。"疑即此酒。

【注释】

①三白酒：此酒为乌镇特产，《乌青镇志》上说："以白米、白面、白水成之，故有是名。"

②盎齐：白酒。

③翁翁：葱白色，酒浊貌。《周礼·天官·酒正》："辨五齐之名，三曰盎齐。"东汉末年儒家学者、经学大师郑玄注曰："盎，犹翁也，成而翁翁然，葱白色，如今酇白矣。"

④酇（zàn）白：白酒。

【译文】

乾隆三十年，我在苏州周慕庵家喝酒。其酒味道鲜美，上口粘唇，酒杯斟满而不外溢。喝了十四杯时，也不知到是什么酒，询问之后，主人说："这是珍藏了十多年的三白酒。"因为我喜欢，第二天又送来一坛，可味道与昨天所喝的全然不一样，相差得太多了！世间的好东西实在难以多得。按郑康成《周官》注解的"盎齐"说："盎者翁翁然，如今酂白。"我怀疑就是这种酒。

金华酒

【原典】

金华酒[①]，有绍兴之清，无其涩；有女贞[②]之甜，无其俗。亦以陈者为佳。盖金华一路水清之故也。

【注释】

①金华酒：金华酒是金华市所酿造的优质黄酒的总称，以金华产的优质糯米为原料，以双曲复式发酵的独特技艺酿造而成。明清时期，金华酒形成了包括寿生酒、三白酒、白字酒、桑落酒、顶陈酒、花曲酒、甘生酒等不同系列和诸多品牌。

②女贞：即女贞酒，北方称"南酒"，南方人称"老酒"，意为储藏时间长的陈酒。

【译文】

金华酒，有绍兴酒的清醇，没有它的涩味；有女贞酒的甘甜，没有它的俗气。皆以存放时间长的为好。大概是金华一带水质好的缘故。

山西汾酒

【原典】

既吃烧酒[1]，以狠为佳。汾酒乃烧酒之至狠者。余谓烧酒者，人中之光棍，县中之酷吏也。打擂台，非光棍不可；除盗贼，非酷吏不可；驱风寒，消积滞，非烧酒不可。汾酒之下，山东高粱烧次之，能藏至十年，则酒色变绿，上口转甜，亦犹光棍做久，便无火气，殊可交也。尝见童二树家，泡烧酒十斤，用枸杞四两、苍术二两、巴戟天[2]一两，布扎一月，开瓮甚香。如吃猪头、羊尾、跳神肉之类，非烧酒不可。亦各有所宜也。

此外如苏州之女贞、福贞、元燥，宣州之豆酒，通州之枣儿红，俱不入流品；至不堪者，扬州之木瓜也，上口便俗。

【注释】

①烧酒：烧酒指各种透明无色的蒸馏酒，一般称白酒。

②枸杞、苍术、巴戟天：皆为可入药的药材名。

【译文】

既然喝烧酒，就以高度为好。汾酒便是烧酒中最具烈性的。我认为烧酒是人群中的光棍，县衙中的酷吏。攻打擂台，非光棍不可；清除盗贼，非酷吏不行；驱处风寒，消除体内积滞，非烧酒不能。汾酒以下，当数山东的高粱烧为第二烈性酒，如果能储藏到十年，酒色就会变绿，入口由辣转甜，就好比光棍做久了，火气也没有了，便可以与之交友。我曾看到童二树家，用烧酒十斤，浸泡四两枸杞、二两苍术、一两巴戟天，用布扎好瓮口，一个月后开瓮，酒非常香。如果吃猪头、羊尾、跳神肉之类的菜，非烧酒不可。这也是根据各有所宜来搭配的。

另外，如苏州的女贞酒、福贞酒、元燥酒，宣州的豆酒，通州的枣儿红，都属于不入流的酒，最不入流的要数扬州的木瓜酒，一上口就觉得俗气。